삼국유사가 품은
식물 이야기

삼국유사가 품은
식물 이야기

안진홍 지음

지오북
GEOBOOK

20여 년 전 필리핀에서 개최된 국제 벼학회에 참석하던 중 흥미로운 내용의 포스터가 눈에 들어왔다. 대부분 자연과학자의 발표였는데 특이하게도 역사학자의 논문이었다. 내용은 13,000~16,000여 년 전의 벼 종자를 발굴했다는 것이다. 당시 나는 벼농사가 약 7,000~10,000년 전 동아시아 남부에서 시작되어 다른 지역으로 점차 퍼져나갔다고 알고 있었는데, 그보다 수천 년 앞선 시기의 볍씨가 나왔다니 믿기 힘들었다. 놀랍게도 그 고대벼는 한국 청주 소로리에서 발견되었다. 한국은 야생벼가 살 수 있는 환경이 아니니, 13,000년 전 우리나라에서 벼농사를 지었을 가능성을 의미한다.

그렇게 고대벼를 연구하는 학자와 인연이 되어 고대 볍씨 2차 발굴에 참여했다. 중국, 일본 등 주변 국가의 학자들이 가장 오래된 볍씨가 우리나라에서 발굴됐다는 것을 믿을 수 없다고 했기에 소로리에서 다시 발굴 작업을 한 것이다. 수십 미터의 땅을 파헤쳐 13,000여 년 전의 지구 표면이 노출된 곳으로 내려갔다. 뭉쳐진 흙을 하나하나 쪼개던 중 고대 볍씨가 내 손에 잡혔을 때의 전율이 아직도 느껴지는 듯하다. 수천 년 전의 유적지에서 보물을 발견하는 것보다 더 값진 경험이었다.

그 후 벼농사의 기원지를 한국으로 정정한 국제 교과서가 많이 나왔다. 자그마한 볍씨 몇 톨이 역사를 바꾼 것이다.

『삼국유사』에는 여러 종류의 식물이 등장한다. 일부 식물은 실제의 상황을 의미할 것이고, 어떤 것은 역사적 사실을 설명하기 위해서 인위적으로 가공된 것일 수도 있다. 당시에는 지금처럼 세세하게 구분하지 않고 비슷한 식물을 하나의 이름으로 불렀을 것이나, 『삼국유사』에 기술된 식물은 그 시대의 상황이나 사건을 들여다볼 수 있는 좋은 단서를 제공해줄 것이다.

『삼국유사』에서 묘사된 내용과 비슷한 환경의 식물 사진을 찍기 위해 조상들의 자취를 찾아다니며 더듬어보았다. 자료를 모으기 위해 함께 여행한 분들과 소중한 사진 자료를 제공해주신 분들에게 감사의 말씀 드린다.

2023년 3월

안진흥

차례

머리말 4

2부 나라가 흥하고 망하는 것을

●

3부 속세에서 깨달음으로 인도하니

●

4부 꽃이 피어난 자리에 절을 지어

●

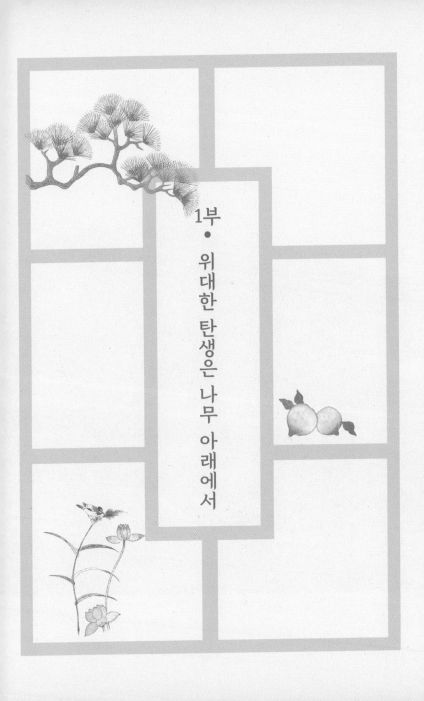

1부
•
위대한 탄생은 나무 아래에서

환웅이 태백산 꼭대기
신단수 아래로 내려와

신단수

제주 성읍리 느티나무. 수령이 약 1,000년으로 추정되며 천연기념물로 지정되었다.

환웅(桓雄)이 무리 3,000명을 거느리고 태백산(지금의 묘향산) 꼭대기 신단수(神壇樹) 아래로 내려왔다. 이곳을 신시라고 하고 이분을 환웅천왕이라 한다.

雄率徒三千 降於太伯山頂[卽太伯 今妙香山] 神壇樹下
謂之神市 是謂桓雄天王也

우리 민족에게 친숙한 단군신화의 한 부분이다. 환웅이 하늘에서 내려와 처음 발을 디딘 곳에 있었다는 신단수를 『삼국유사』에서는 '神壇樹'로 썼으나, 『제왕운기』에서는 '神檀樹'로 기록하였다. 제단을 의미하는 '壇'으로 쓰면 신단수가 신성한 제사 터의 나무가 되는데, '檀'으로 쓰면 신성한 박달나무가 된다. 어느 기록이 맞는지 알 수 없으나, 제단으로 해석하더라도 신성시하는 나무 아래로 환웅이 내려온 것은 동일하다.

신화에서 "웅녀는 혼인할 상대가 없었으므로 매일 신단수 아래에서 아이를 가질 수 있게 해 달라고 빌었다. 환웅이 잠시 사람으로 변해 그녀와 혼인하여 아들을 낳았으니 단군왕검이라고 불렀다."라는 부분은 신단수가 오래된 나무를 숭배하던 원시사회의 수목신앙이 반영된 것으로 하늘과 땅을 연결하는 성스러운 나무라는 것을 뒷받침한다. 그런 믿음이 우리 민족에게 뿌리내려 오래된 나무를 신목으로 보호하고 마을의 안녕을 기원하거나 개인의 소원을 빌었다.

박달나무는 주로 해발고도가 낮은 산지에 자란다. 따라서 묘향산 꼭대기에 있었던 신단수일 가능성이 크지 않다. 박달나무와 유사한 식물로 높은 산에 사는 식물은 자작나무, 사스래나무, 그리고 거제수나무이다. 이 나무들의 줄기 껍질은 종이처럼 잘 벗겨지고, 기름기가 많아 추운 겨울에 나무를 보호한다. 천마총에서 발굴된 천마도가 자작나무 껍질에 그려진 것은 우리 민족이 자작나무를 숭배하던 기마민족의 후예라는 것을 암시한다. 유난히 흰색이 두드러지는 자작나무의 영향을 받아 우리 조상들은 흰옷을 즐겨 입었던 게 아닐까?

신목으로 보호를 받는 나무 중에는 느티나무가 가장 많다. 자라는 모습이 우아하고, 큰 그늘을 만들어 주며, 오래 살기 때문일 것이다. 2020년 말 집계된 전국의 보호수는 13,864그루인데, 그중 절반 이상인 7,293그루가 느티나무이며, 수백 년에서 길게는 1,000년 이상을 산 노거수 19그루가 천연기념물로 지정되어 있다.

단군신화에서 나오는 신단수가 박달나무인지, 당산목으로 많이 심은 느티나무인지, 아니면 하늘과 인간을 잇는다고 북방민족이 신성시하는 자작나무인지 알 수 없다. 백두산의 가장 높은 곳에서 군락을 이루며 자라는 사스래나무일 수도 있다. 그러나 신단수가 특정한 나무를 의미하기보다는 신화 속의 노거수로 생각하는 것이 합당해 보인다.

이것을 먹으며
100일 동안 햇빛을 보지 않으면

마늘, 쑥

신선이 먹으며 장수하였다는 산마늘

그 당시 곰 한 마리와 호랑이 한 마리가 같은 굴속에 살았는데, 항상 환웅에게 사람이 되기를 기원하였다. 이에 환웅이 신령스런 쑥 한 다발과 마늘 스무 개를 주면서 말하였다. "너희가 이것을 먹으며 100일 동안 햇빛을 보지 않으면 사람의 형상을 얻으리라."

時有一熊一虎 同穴而居 常祈于神雄 願化爲人
時神遺靈艾一炷 蒜二十枚曰
爾輩食之 不見日光百日 便得人形

곰이 먹고 인간이 될 정도로 효능이 좋다고 믿었던 쑥

곰이 인간이 되는 과정을 기술한 건국신화의 한 부분이다. 이 신화에 쑥과 마늘이 중요한 역할을 한다. 곰이 쑥과 마늘을 먹고 인간이 될 정도로 이들의 효능이 좋다고 예전에는 믿었던 것 같다.

예로부터 5월 단오에 채취한 쑥을 약으로 썼다. 『동의보감』에 "쑥은 독이 없고 모든 만성병을 다스린다. 특히 부인병에 좋고 자식을 낳게 한다."라고 적혀있다. 쑥은 피를 맑게 하고, 면역기능을 향상시키며, 간과 위장을 튼튼하게 하는 등 다양한 효능이 있다고 알려졌다. 상처가 난 곳에 쑥을 찧어 발라 초기 감염을 막는 민간요법으로도 사용하였다. 자라난 쑥은 말려서 뜸을 뜨는데 사용하고, 태워서 모기를 쫓기도 했다. 예전에는 액을 막는다고 하여 삼짇날 쑥떡을 해 먹었으며, 단오에 쑥을 묶어 문에 걸어놓아 부정을 막고자 했다. 이처럼 쑥은 우리에게 가장 친근한 풀 가운데 하나로 생활 곳곳에 쓰인 식물이다.

쑥에는 특유의 향이 난다. 쑥떡에서 나는 향은 엄마에게서 나는 향 같고 고향집 사랑방에서 나는 향 같기도 하다. 식물이 내는 향은 벌레나 동물로부터 자신을 보호하기 위한 방어물질이기도 하고 주변과 소통하는 수단이기도 하다. 나를 공격하는 적이 어떤 벌레인지를 이웃에 알려 미리 방어 준비를 하게 하고, 벌레를 잡아먹는 천적을 부르기도 한다. 적이 오지 않더라도 식물은 향기를 낸다. 아마도 식물끼리 나누는 대화일 수도 있다.

쑥은 우리나라 어느 곳에서든 잘 산다. 밭을 묵히거나 공터가 생기면 제일 먼저 나타나는 식물 중 하나이다. 쑥은 어릴 때 부드럽고 연하지만, 초여름이 되면 단단한 줄기가 자라기 시작하여 한여름이 되면 키가 1m 이상으로 크고 자잘한 꽃을 피우고 많은 열매를 맺는다. 작은 열매에는 털이 달려있어 바람을 타고 날아가 새 삶을 시작한다. 이러한 강인한 쑥의 습성이 우리 민족의 특성과 유사하여 단군신화에 나타났을 것이다.

중국이나 일본에서도 일부 지역에서는 쑥을 먹지만 우리나라처럼 보편적으로 즐기지는 않는다. 쑥은 우리 민족을 대표하는 식물이라고 해도 과언이 아니다. 어린 순은 된장국에 넣어 먹었으며, 멥쌀가루에 쑥 잎을 짓이겨 넣고 반죽하여 떡을 만들어 먹는 풍습이 오래전부터 있었다. 최근 몇 년 전부터 쑥을 빵이나 커피, 생크림 케이크 등에 넣어 개발한 메뉴가 나왔고, 쑥두부도 보인다. 쑥의 특이한 향과 맛 그리고 색은 음식을 풍요롭게 하는 한국적 허브로 발전시키기에 충분하다. 쑥은 방부 효과가 있어 쑥을 넣어서 음식을 만들면 저장력을 증가시킨다. 쑥을 이용한 다양한 건강 음식이 개발되어 한류 음식의 일환으로 널리 알려질 날이 기대된다.

단군신화에 나오는 영쑥(靈艾)은 일반 쑥이 아니라 효능이 우수한 약쑥이었을 수도 있다. 쑥 종류는 다양해서 30종류가 넘는데 그중에는 약초로 쓰이는 개똥쑥, 인진쑥 등이 있다. 중국의 투유유 박사는 개똥쑥에서 말라리아 치료제 성분을 찾아 2015

년 노벨 생리의학상을 받았다. 개똥쑥은 항산화 및 항균 효과와 항암효과가 있다고 알려져 이 쑥을 재배하는 농가가 생기고 개똥쑥을 테마로 한 다양한 체험프로그램이 마련되기도 하였다.

『동의보감』에 간에 좋다고 기록된 인진쑥은 사철쑥의 약재명이며 한겨울에도 아래 쪽은 죽지 않고 살아 있어 사철쑥이란 이름이 붙었다. 주로 바닷가나 냇가 모래땅에서 자라는데, 이른 봄 한 뼘쯤 자란 새잎을 약으로 쓴다. 대부분의 쑥은 햇빛이 많은 들에서 자라지만 맑은대쑥과 제비쑥 등 산지에서 사는 것도 있다.

간에 좋다고 『동의보감』에 기록된 인진쑥(사철쑥)

용맹스런 호랑이보다는 인내심이 많은 곰이 인간이 되어 단군왕검을 탄생시킨 건국신화는 강대국 사이에 위치한 어려운 역경을 지혜롭게 견뎌내고 우리의 찬란한 문화를 일구어낸 한민족의 특성을 담고 있다. 구하기 어려운 약초를 택하지 않고 흔하게 자라는 쑥을 신성시하여 신화에 등장한 것은 평범하고 보편적인 것을 존중하는 우리 민족의 서민적 사상과 일치한다.

이른 봄 들판에 새순이 올라오면 긴 겨울에 지친 아낙들이 친구들과 동무하며 한바구니 쑥을 따는 모습에서 웅녀가 보이는 듯하다.

마늘은 이집트가 원산지로 11~12세기에 우리나라에 전래되었다고 추정한다. 중국 명나라 약초학서『본초강목』에 의하면 마늘에는 두 종류가 있는데 외국에서 들어온 것을 대산(大蒜)이라고 하고 원래의 마늘을 소산(小蒜)이라고 했다. 따라서 단군신화에 등장하는 마늘은 대산이 아니고 지금은 전해지지 않는 토종 마늘이거나 야생 마늘일 것이다. 한반도에 자라는 마늘과 유사한 야생식물로 달래와 산마늘, 산부추 등이 있다.

달래는 쑥처럼 주변에서 쉽게 채취하여 생으로 무치거나 된장찌개에 넣어 먹는 우리에게 친근한 봄나물이다. 따라서 달래가 단군신화에서 나오는 '蒜'에 해당한다는 주장이 있다. 조선시대 학자 최세진이 어린이들의 한자 학습을 위해 지은『훈몽자회』에서 소산은 달래라고 해석했다. 산성 식품인 마늘이나 파와 달리 달래는 알칼리성 식품이어서 위에 부담이 적다. 매운 맛을 내는 알리신이 들어있어 다양한 병에 대한 저항성을 키워 주기 때문에 수요가 많아져 농가에서 재배한다. 그러나 달래는 저장성이 적고 오랫동안 두고 먹을 수 없어 단군신화에 적합하지 않은 면이 있다.

'蒜'은 산마늘일 가능성이 있다. 산마늘은 고산지대와 울릉도에 자라는데 뿌리가 마늘을 닮고 매운 향이 있어 예로부터 귀한 음식으로 사용하였다. 울릉도에서는 '멩이' 또는 '명이'라고 부르는데 식량이 부족한 때 캐먹으며 명(命)을 이어갔다는 데에서 붙은 이름이라고 한다. 명이나물이 고기와 함께 소비되면서 산마늘 재배가 부쩍 늘었다.

강원도에서는 신선초, 불로초 등으로 불리며, 산에 사는 신

병 저항성을 키워 주는 달래의 꽃

선들이 먹으며 장수한다고 전해왔다. 울릉도 산마늘과 내륙의 고산지대 산마늘은 조금 달라 고산지대 산마늘 잎의 폭이 좁고 맛이 더 맵고 달다. 산마늘은 한국뿐 아니라 중국, 일본, 북아메리카 등 여러 곳에서도 자라는데 그곳에서도 자양강장 효과가 있는 신비한 약초로 여겼다. 최근 연구에 의하면 산마늘의 줄기와 잎은 강한 항균기능을 갖고 있다고 한다.

산마늘은 봄철에 넓은 잎이 여러 장 뿌리에서 솟아나고, 5월 초순이 되면 다 자라난 잎 사이로 꽃대가 올라와 5월 중하순에 파꽃처럼 생긴 흰 꽃송이가 꽃대 끝에 피며, 7월 중순에 열매가 검게 익어 떨어진다. 봄에는 햇빛이 많으나 여름에는 그늘진 곳이어야 잘 자란다. 집에서 키워 수확을 하려면 인내심이 필요하다. 종자를 파종하면 3년이 지나야 꽃이 피고 5년은 지나야 첫 수확을 할 수 있으며, 한번 수확한 후에는 2~3년을 기다려야 다음 수확을 할 수 있기 때문이다.

산마늘 잎은 박새라는 독초의 잎과 비슷하여 잘못 알고 섭취하고 식중독에 걸린 사고가 가끔 보고된다. 여로라는 독초의 잎도 조금 좁지만 산마늘 잎과 혼돈하기 쉽다. 산마늘의 잎 가장자리는 매끈하고 털이 없지만, 박새와 여로의 잎 가장자리는 꺼끌꺼끌하고 털이 있으나 쉽게 구분이 안 되니 피하는 것이 좋다.

마늘과 유사한 식물로 산지에서 야생으로 자라는 산부추가 있다. 산마늘은 깊은 산에서나 볼 수 있으나 산부추는 낮은 산에서 비교적 흔하게 자란다. 민마늘이라고도 하는데 비늘줄기의 모양과 독특한 냄새가 마늘과 유사하다. 이른 봄에 비늘줄기와 부드러운 잎을 부추처럼 먹는다. 한여름에 붉은 자주색의 아름다운 꽃이 꽃대 끝에 공처럼 달려 원예용으로 심기도 한다.

　단군신화의 '蒜'이 들이나 야산에 비교적 흔하게 자라는 달래일지, 깊은 산에서 사는 산마늘일지, 아니면 산지에서 흔하게 자라는 산부추일지는 알 수 없으나 요즘 재배하는 마늘이 아닌 것은 분명하다.

비늘줄기의 모양과 냄새가 마늘과 비슷한 산부추

여뀌 잎처럼 협소하지만,
수려하고 기이하니

여뀌

잎을 찧어서 물에 풀어놓고 물고기를 잡는 데 쓰였던 여뀌

"이곳은 여뀌 잎처럼 협소하지만, 수려하고 기이하니 16나한이 살 만한 곳이다. 더군다나 하나에서 셋을 이루고, 셋에서 일곱을 이루니, 칠성이 머물 만한 곳으로 가장 적합하다. 그러니 이곳에 강토를 개척하면 장차 좋은 곳이 될 것이다"라고 하였다. 그리고는 1,500보 둘레의 외성과 궁궐, 전당 및 여러 관청의 청사와 무기 창고, 곡식창고를 건축할 곳을 정했다.

此地狹小如蓼葉 然而秀異 可爲十六羅漢住地
何況自一成三 自三成七 七聖住地
固合于是 托土開疆 終然允臧歟 築置一千五百步周廻羅城
宮禁殿宇及諸有司屋宇 <武>庫倉廩之地

가야국의 시조 김수로왕이 즉위 2년 차에 도읍을 정하고자 신답평에 행차하여 사방의 산악을 바라보다가 주위 사람들에게 지형이 협소하지만 수려하니 그곳에 외성과 궁궐을 짓게 했다는 가락국기 기록이다. 여뀌 잎 모양의 지형에 자리를 잡았다는 가야국의 도읍지는 김해시 수로왕릉과 대성동 고분군이 있는 지역이었을 것이다. 왕릉과 고분군 남쪽에 있는 봉황동 유적지에서 주거지 등 다양한 유적이 발견되는 것으로 보아 이곳이 가야국의 수도로 추정된다. 일제강점기에 이루어진 사방공사로 주변 지형이 바뀌었으나 남북으로 협소하게 펼쳐진 여뀌잎처럼 길쭉한 지형이 남아있다.

여뀌는 주로 물가에 자라는 여러해살이풀로 잎이 길쭉하다. 여뀌처럼 길쭉한 잎을 가진 식물은 흔한데 하필이면 여뀌잎을 지형과 비유했는지 흥미롭다. 여뀌 잎에는 강한 매운맛이 있어 찧어서 물에 풀어놓으면 물고기가 기절하여 물 위에 뜨기 때문에 물고기를 잡는 데 쓰였다. 이러한 여뀌와 물고기의 연관성 때문에 지형을 기술하는데 여뀌를 인용하였을 수 있다.

수로왕릉의 대문에는 물고기 문양의 신어상(神魚像)이 새겨있다. 두 마리의 물고기가 마주보며 가운데 있는 석탑을 보호하는 모습이다. 왕릉 뒤의 신어산에는 김수로왕이 왕비로 맞이한 허황옥의 오빠인 장유화상이 지었다는 은하사(銀河寺)가 있는데 이 전설이 맞는다면 우리나라에서 가장 오래된 사찰인 셈이다. 은하사 대웅전에 부처님을 모시는 수미단에도 신어상이 조각되어 있다. 신어상은 옛 가락국의 영향권에 있던 영남지방의 오래된 사찰과 사당에서도 발견된다.

울산 개운사, 양산 통도사 삼성각, 양산 내원사 화정루, 양산 계원사 대웅전에 두 마리 물고기로 구성된 쌍어문(雙魚紋)이 장식되어 있는 것으로 보아 물고기가 옛 가야국의 신앙에 큰 영향을 미친 것 같다. 포항 오어사(吾魚寺), 동래 범어사(梵魚寺), 밀양 만어사(萬魚寺) 등 '魚'자가 들어간 절 이름이 가야의 영향을

협소한 지형처럼 길쭉하게 생긴 여뀌 잎

수로왕릉 문에 그려진 쌍어문

받아서 지어진 것으로 보인다.

허황옥 왕비는 인도에서 중국 보주(普州)로 이주한 집단의 지배계족으로 있다가 한반도로 왔다고 김병모 한양대 명예교수는 추론한다. 허왕후릉의 비석에 쓰인 '가락국수로왕비 보주태후허씨지릉'은 허황옥이 보주에서 왔음을 뒷받침한다. 『삼국유사』에서 허황옥은 아유타국(阿踰陁國)의 공주라고 자신의 신분을 밝혔다. 아유타국은 인도 갠지스강 중류의 아요디아(Ayodhia) 왕국으로 추정되며 이곳에는 수로왕릉에 그려진 두 마리의 물고기 문양과 비슷한 쌍어문이 무수히 많다. 이곳에서 신어(神魚)는 여전히 사람의 생명을 보호하는 수호자의 기능을 하고 있다. 가야국은 아유타국의 영향을 받아 물고기를 신성시하였을 것이며 바다에 인접한 지형적인 이유로 물고기와 매우 친숙하였을 것으로 보인다. 물고기를 잡는 데 사용하는 여뀌잎 모양의 지형에 왕궁을 지은 김수로왕은 훗날 물고기를 신성시하는 허황옥을 만날 것을 예견하였을지도 모른다.

여뀌는 물가에 가야 볼 수 있으나 다른 종류의 여뀌는 산과 들에서 자란다. 가장 흔한 것 중 하나는 개여뀌로 밭이나 길가 양지바른 곳에서 군락을 이루며 나지막하게 자라 한여름부터 초가을까지 붉은 꽃을 피운다. 산 가장자리 응달에서 군락을 이루고 자라는 장대여뀌도 비교적 쉽게 볼 수 있는 여뀌 종류이다. 숲 가장자리에는 끈끈이여뀌도 자라는데 꽃자루와 줄기 윗부분에 점액이 분비되어 벌레가 기어 올라와 꽃을 해치는 것을 막는다. 큰 나무들이 우거진 숲에서 자라는 여뀌도 있는데 이삭처럼 꽃이 달려 이삭여뀌라고 한다. 들에서 주로 자라는 큰개여뀌, 흰여뀌 등 수십 종의 여뀌가 있으며, 남색 염료 재료로 쓰이는 쪽도 여뀌 종류 중 하나이다.

밭이나 길가 양지바른 곳에서 군락을 이루며 자라는 개여뀌의 꽃

목련으로 만든 키와
계수나무로 만든 노

목련, 계수나무

수로왕이 허황옥을 맞이한 배의 노를 만드는 데 쓰인 금목서

갑자기 바다 서남쪽에서 붉은 돛을 단 배가 붉은 깃발을 나부끼며 북쪽으로 오고 있었다. 유천간이 먼저 섬 위에서 횃불을 들자 빠르게 육지 쪽으로 달려왔다. 신귀간이 이 사실을 보고는 대궐로 달려 들어와 아뢰었다. 수로왕은 이것을 듣고서 기뻐하였다. 얼마 후 구간을 보내 목련으로 만든 키를 바로잡고 좋은 계수나무로 만든 노를 저으며 그들을 맞이하여 대궐 안으로 모셔오게 하였다.

忽自海之西南隅 掛緋帆 張茜旗 而指乎北
留天等先擧火於島上 則競渡下陸 爭奔而來 神鬼望之
走入闕奏之 上聞欣欣 尋遣九干等 整蘭橈
揚桂楫而迎之 旋欲陪入內

수로왕이 아유타국 공주 허황옥을 맞이하는 장면을 묘사한 대목이다. 공주를 맞이하는 배의 키가 목련으로 만들어졌다는데, 목련의 목재는 재질이 치밀하여 가구나 도구를 만드는 데 적합한 재료이다.

목련은 백악기에 출현하여 지금까지 살아남은 가장 오래된 꽃식물 중 하나여서, 꽃 모양이 원시적인 형태를 가지고 있다. 꽃잎과 꽃받침이 구분되지 않고 비슷한 색과 모양이며, 암술은 암술머리, 암술대, 씨방의 구분이 명확하지 않고, 수술은 수

술대와 꽃밥으로 분화하지 않는다. 목련은 벌이나 나비가 아닌 딱정벌레들에 의해 꽃가루받이한다. 목련이 출현한 백악기 초기에 아직 벌과 나비는 없었고, 딱정벌레가 급속히 진화하며 목련꽃과 관계를 맺었으며, 그러한 공생 관계를 1억 년 이상 유지하고 있다. 꽃에서 나오는 은은한 향기를 맡고 후각이 발달한 딱정벌레가 찾아와서 제집인 양 꽃에서 산다.

목련에는 토종 목련, 백목련, 자목련, 함박꽃나무 등이 있다. 토종 목련은 제주도 한라산 1,800m에 있는 개미목 등에 자생하나 흔하지 않다. 정원에 심는 목련은 대부분 백목련과 자목련으로 약 100여 년 전에 중국에서 도입된 외래종이다. 백목련은 꽃봉오리가 북쪽을 향하기 때문에 북향화라고도 한다. 이들은 모두 꽃이 잎보다 먼저 피지만 산에서 자라는 함박꽃나무는 잎이 먼저 나고 꽃이 나중에 핀다. 산목련이라고도 하는데 우리 고유의 목련으로 초여름 깊은 산의 계곡에서 어렵지 않게 화려한 함박꽃나무 꽃을 만날 수 있다. 지금은 한라산에만 분포하는 토종 목련이 당시에는 가야국 근처에도 살았을 수도 있으나, 허황옥 공주를 맞이한 배의 키는 주변에서 쉽게 구할 수 있는 함박꽃나무로 만든 것일 가능성이 크다.

수로왕이 허황옥을 맞이하러 보낸 배의 노가 계수나무로 만들어졌다고 한다. 또한, 법흥왕 때 순교한 이차돈의 치적을 찬양하는 문장에서 '그의 공덕을 천구(天鏂)의 계수나무에 쓴

백목련. 주변에서 흔히 보이는 목련은 중국에서 100여 년 전에 도입된 백목련이며
토종 목련은 흔하지 않다.

공주 허황옥을 맞이한 배의 키를 만드는 데 쓰였을 것으로 추정되는 함박꽃나무

다.'라고 했다. 그런데 요즘 공원에서 쉽게 만나는 계수나무는 1920년에 일본에서 처음 도입되었다. 봄철에 솜사탕 같은 달콤한 향을 내뿜는 꽃을 피우며 가을에는 노랗게 물드는 하트 모양의 잎이 아름다워 정원수로 여러 곳에 심겨있다. 도입 시기를 보면 삼국유사의 계수나무와 요즘 정원수로 심는 계수나무는 다른 나무이다.

우리나라와 중국에는 오래전부터 달에 계수나무가 자란다는 설화가 있다. "푸른 하늘 은하수"로 시작하는 윤극영의 동요 '반달'에 나오는 계수나무는 중국의 목서(木犀)에 대한 전설에서 영향을 받는 것으로, 목서를 중국에서는 계수(桂樹) 또는 계화(桂花)라고 부른다. 따라서 『삼국유사』에 나오는 계수는 목서이다.

목서에는 흰 꽃이 피는 은목서와 노란 꽃이 피는 금목서가 있는데, 둘 다 고향이 중국이며 추운 곳에서는 자라지 못하는 상록성 식물로 우리나라에서는 남부지역 양지바른 곳에 자란다. 초가을부터 자그마한 꽃이 피는데 향이 아름답고 강하여 만리향이라고도 불린다. 향이 매력적이라 고급 향수를 만드는 데 쓰이고, 술이나 차를 만드는 데에도 사용한다. 그러나 꽃을 방 안에 두면 향이 강해 두통이 생긴다고 한다.

아름다운 한 낭자가
난과 사향 향기를 풍기면서

———

난

한반도 남부지방 산지에서 자라며 이른 봄에 꽃피는 보춘화

성덕왕 8년(709년) 풍채와 골격이 평범치 않은 두 청년 노힐부득(努肹夫得)과 달달박박(怛怛朴朴)이 서로 좋은 벗이 되어 사이좋게 지내다가 나이 스무 살이 되자 승려가 되어 각기 다른 암자에 살며 수양을 하였다. 그러던 어느 날 해가 저물 무렵이었다.

20세 안팎의 아름다운 한 낭자가 난과 사향 향기를 풍기면서 북쪽 암자에 당도하여 자고 가기를 간청하며 시를 지어 바치었는데 그 내용은 다음과 같다.

갈 길 아득한데 해는 져서 먼 산에 어둠이 내리니

길은 막히고 성은 먼데 사방이 고요하네

오늘 이 암자에서 머물고자 하니

자비스런 스님은 노하지 마소서

有一娘子年幾二十 姿儀殊妙 氣襲蘭麝

俄然到北庵 請寄宿焉 因投詞曰

行逢日落千山暮

路隔城遙絶四隣

今日欲投庵下宿

慈悲和尙莫生嗔

승려 박박은 "절은 깨끗함을 지키는 곳"이라며 거절하였다. 그래서 낭자가 승려 부득이 머무는 암자에 가서 머물기를 청하니 "이곳은 여인과 함께 있을 곳은 아니나, 깊은 산골에 밤이 어두웠으니 어찌 소홀히 대접할 수 있겠소." 하며 허락하였다. 이 설화에서 난과 사향의 향기를 풍기는 낭자는 관음보살이다. 자비를 베푼 부득 스님은 대보리(완전한 깨달음)를 이루고 미륵존상이 되었다. 관음보살의 향을 난의 향으로 비유할 만큼 난의 향은 고풍스럽고 그윽하다.

난은 사군자 중 하나로 예로부터 선비들이 난 치는 것을 좋아하였다. 추사체로 유명한 김정희에게 글과 그림을 배운 흥선대원군의 난은 당대에 청나라까지도 잘 알려졌으며, 그의 작품

제주도 숲에 야생하는 한라새우난초

중 일부가 국립중앙박물관과 간송미술관에 소장되어 있다. 예로부터 군자학을 지향하는 학자의 방에는 난초 화분이 놓여있었다.

난은 지구상에 가장 많은 종류가 있는 식물군 중의 하나로 세계 각지에 약 2만에서 3만여 종이 널리 분포하며 한반도에는 80여 야생종이 산다. 재배가 쉬워 손쉽게 접하는 서양란은 대부분 열대 지방에서 유래된 것으로 우리나라에는 최근 도입되었다. 한반도에 야생하는 대부분의 자생 난은 재배가 어려워 귀하다. 자생하는 동양란은 서양란보다 꽃이 덜 화려하나 자태가 고아하고 향이 그윽하다. 따라서 『삼국유사』에 기술한 난은 동양란이나 우리 자생 난일 것이다.

나도풍란. 남부지방 섬의 바위나 나무에 붙어 자랐는데 2005년 이후 자생지에서 사라졌으나 다행히 재배로 명맥을 유지하고 있다.

기원전 12~6세기의 중국 시를 모은 『시경』에 난이 등장하는 것으로 보아 최소 3,000년 전부터 난 재배를 시작하였을 것으로 추정한다. 그러나 옛날의 난이 지금 우리가 알고 있는 난과 다르다는 견해가 있다. 이 견해에 따르면 현재 난이라고 하는 난초의 재배는 10세기경부터 중국에서 시작되었다고 한다.

우리나라에서 난초의 재배는 고려 말기에 시작된 것으로 추정된다. 고려 말 이거인(李居仁)이 난초를 재배했다는 기록이 있으며, 조선 초기 학자인 강희안(1419~1464)은 우리나라 최초의 화훼서적 『양화소록』에서 다양한 난초를 분류하고 이의 재배법을 서술하였다. 이러한 기록들로 미루어 볼 때 난이 고려시대 후기에 보편화하였던 것으로 보인다.

> 왕은 관원에게 명하여, 따라온 신하 부부들을 인도하게 하며 말하기를, "사람마다 각방에 머물게 하고, 그 이하 노비는 한 방에 대여섯 명씩 안치시키며, 난초로 만든 마실 것(蘭液)과 혜초로 만든 술(蕙醴)을 주고, 무늬와 채색이 있는 자리에서 자게 하며, 의복과 비단과 보물도 주고 많은 군인을 내어 보호하게 하라."라고 하였다.

> 上命有司 引媵臣夫妻曰 人各以一房安置
> 已下臧獲各一房五六人安置 給之以蘭液蕙醴 寢之以文茵彩薦

至於衣服疋段寶貨之類 多以軍夫遙集而護之

가락국기에서 수로왕이 왕비가 될 허황옥을 맞이할 때 난으로 만든 마실 것과 혜초로 만든 술을 대접하였다고 기록했다. 강희안은 『양화소록』에 중국 문헌에 수록된 내용을 전하며 "난초는 적어서 귀하고 혜초는 많아서 천하다. 그러나 이 둘은 똑같은 난초라 한다."라고 하였다. 난초와 혜초를 구분하는 것이 어려웠던 것 같다. "한 가지에 하나의 꽃이 피되 향이 넉넉한 것은 난초이고, 한 가지에 5~7송이 꽃이 피되 향이 부족한 것은 혜초이다."라는 기록이 있지만 둘을 구분하기가 쉽지는 않았던 것으로 보인다. 그래서 난초와 혜초를 구분하지 않고 난혜(蘭蕙)로 붙여서 쓰는 경우도 많았다.

강희안은 "우리나라에는 난초와 혜초의 품종이 많지 않다. 화분에 옮겨 심으면 잎이 점점 짧아지고 향기도 못해진다. 그러나 호남 바닷가의 여러 산에 자라는 것은 아름답다."라고 하였다. 한반도 남부지방과 제주도에는 나도풍란, 한라새우난초 등 관상가치가 높은 난들이 여러 종 분포하나 남획되어 자생지의 군락이 사라지고 있다.

중국 문헌에 나온 난초와 우리나라의 난초는 사뭇 다른 종으로 보인다. 모양과 향이 각기 다른 다양한 난이 우리나라에 살지만, 그중 사군자 그림에 나타나는 난처럼 생긴 것은 드물

고려 중기 이전에는 난이라 불리며 음식에 넣어 먹던 향등골나물

꽃향기가 좋아 온갖 나비가 모여드는 밀원식물인 등골나물

다. 사군자의 난은 잎이 가늘고 길어서 축 늘어지며 꽃대는 잎 길이보다 짧아 잎 사이에 꽃피는 것이 특징인데, 우리나라 강산에 야생으로 자라는 감자난초, 은대난초 등 대부분의 난초는 잎이 넓은 것이 많고 꽃대가 잎보다 길게 자란다. 제주도 상록수림 속에서 자라는 한란의 잎이 가늘고 길며 향이 좋으나 꽃이 긴 꽃대 끝에 달려 사군자 분위기가 나지 않는다. 이른 봄에 꽃피는 보춘화는 잎이 가늘고 길며 꽃대가 짧아 옛 그림의 난초와 비슷한 모습이다.

그런데 난초는 관상용으로 심을 뿐 차로 마시거나 식용하지 않는다. 고려 중기 이전에는 난은 향등골나물을 뜻했다. 따라서 수로왕이 대접한 난은 향등골나물일 수도 있다. 향등골나물은 꽃과 잎에서 강한 향기를 풍기는 향초로 예로부터 음식물에 첨가하거나 옷에 넣기도 하였으며, 목욕물에 넣거나 구애의 선물로 쓰였다고 전한다. 향등골나물은 국화과 식물로 등골나물 종류이다. 등골나물은 야산이나 풀밭에 자라며 연한 자줏빛 꽃을 늦여름에 피운다. 등골나물의 꽃향기를 특히 나비가 좋아해서 꽃이 만발하면 온갖 나비가 모여든다. 향등골나물은 등골나물과 비슷하게 생겼지만 잎이 셋으로 갈라지며 자주색 꽃이 늦가을에 핀다.

대추를 찾아 바다 끝까지,
반도가 있는 하늘 끝까지

———

대추나무

대추나무. 허황옥은 김수로왕을 신선들이 먹는 대추로 비유했다.

대왕과 왕후께서 저에게 말씀하시기를, "우리가 어젯밤 똑같은 꿈을 꾸었는데 꿈에 상제(上帝)를 뵈었다. 상제께서는 가락국의 왕 수로는 하늘이 내려 보내서 왕위에 오르게 하였으니 신령스럽고 성스러운 사람이다. 또 나라를 새로 세워 아직 배필을 정하지 못했으니 그대들은 공주를 보내서 그의 배필이 되게 하라 하고 말을 마치자 하늘로 올라가셨다. 꿈을 깬 뒤에도 상제의 말이 귓가에 그대로 남아있으니, 너는 여기서 빨리 우리를 작별하고 그곳을 향해 떠나라."라고 하였습니다. 그래서 저는 배를 타고 멀리 신선이 먹는 대추(蒸棗)를 구하고, 하늘로 가서 선계의 복숭아(蟠桃)를 찾기도 하였습니다. 이제 아름답게 모습을 갖추어 감히 임금의 얼굴을 뵙게 되었습니다.

父王與皇后顧孃而語曰 '爺孃一昨夢中同見皇天上帝
謂曰 駕洛國元君首露者天所降而俾御大寶 乃神乃聖惟其人乎
且以新花家邦未定匹偶 卿等湏遣公主而配之 言訖升天
形開之後 上帝之言其猶在耳 你於此而忽辭親向彼乎徃矣'
妾也浮海遐尋於蒸棗 移天夐赴於蟠桃 蠶首敢叨 龍顏是近

황천 상제가 부모님의 꿈에 나타나서 딸을 가락국으로 보내어 수로왕의 짝이 되게 하라 하여 허황옥이 수로왕을 찾아

대추나무 열매. 다산과 아들을 상징하여 혼례식에 사용하는 풍습이 있다.

왔다고 한다. 신선들이 먹는 대추와 3,000년에 한 번 열매가 열린다는 선계의 복숭아는 수로왕을 의미한다. 이처럼 대추와 복숭아가 신성한 과일로 기술되어 있다.

대추는 관혼상제 때 음식 재료로 쓰였으며 한방에서는 여러 약재와 함께 쓰인다. 벼락 맞은 대추나무를 벽조목이라고 하여 부적을 만드는 데 쓰였다. 양기가 강한 대추나무가 벼락을 맞으면 양기가 더 강해져 귀신을 쫓고 화를 면하게 한다고 믿었기 때문이다. 대추나무 줄기 속의 붉은색이 귀신을 쫓아내는 효험이 있다고 생각했나 보다. 대추나무는 단단하여 방망이나 떡메 등을 만드는 데 쓰였다.

대추는 남유럽과 서아시아가 원산지로 추정되는데 우리나

라에 언제 도입되었는지는 불분명하나 『삼국유사』에 대추가 기술되는 것으로 보아 수로왕 시절에 이미 들어와 있었을 가능성이 있다. 그러나 1188년 고려 명종이 재배를 권장하기 전에는 대추에 대한 기록이 없는 것으로 보아 가락국기의 전설적인 이야기에 대추가 후세에 들어갔을 수도 있다. 대추는 아들을 상징하여 혼례식에 사용하는 풍습으로 보아 가야국의 번성을 뜻하는 것으로 풀이할 수도 있다. 대추를 구하던 허황옥은 수로왕을 만나 열 명의 아들을 낳았다.

무왕이 어렸을 때
이름을 서동이라 하였고

마

무왕이 어린시절 마를 캐다 판 지역으로 추정되는 익산의 서동마

제30대 무왕의 이름은 장(璋)이다. 어머니가 과부가 되어 수도 남쪽 연못가에 집을 짓고 살다가 그 못의 용과 관계하여 낳았다. 어렸을 때 이름을 서동(薯童)이라고 하였고 도량이 커서 헤아리기 어려웠다. 늘 마(薯)를 캐다 팔아서 생업을 삼았으므로 나라 사람들이 그로 인해 이름을 지었다. 신라 진평왕의 셋째 공주 선화(善花, 혹은 善化)가 더없이 아름답다고 듣고, 머리를 깎고 (신라의) 서울로 왔다. 마를 마을의 뭇 아이들에게 먹이니 아이들이 그를 가까이 따랐다.

第三十武王名璋 母寡居 築室於京師南池邊

池龍<交>通而生 小名薯童 器量難測

常掘薯蕷 賣爲活業 國人因以爲名

聞新羅眞平王第三公主善花[一作善化]美艶無雙

剃髮來京師 以薯蕷餉閭里群童 群童親附之

백제 30대 무왕(600~641)의 출생에 대한 기록이 서로 달라 확실하지는 않으나, 『삼국유사』에서는 백제의 수도(부여) 남쪽에서 태어났다고 한다. 전북 익산에는 무왕이 그곳 연못에 사는 용의 아들이라는 설화가 전해 내려온다. 이는 무왕이 태어나서 자라며 마를 캐다 판 지역이 익산이라는 것을 추정하게 한다. 무왕은 흉년이 들어 굶주린 백성들에게 저장해 두었던 마

숲속에 자생하며 다른 물체를 감고 자라는 참마

로 마죽을 쑤어 먹였다. 그 후 익산 금마에서 생산된 마를 서동마로 불렀다. 익산시 금마면 및 왕궁면 일대는 마 특화 재배지역으로 서동왕자와 선화공주의 사랑 이야기와 연계하여 '서동마'라는 브랜드를 생산하고 있다.

마는 전 세계적으로 수백 종이 있는데 참마는 자생종이고 재배하는 마는 중국에서 도입된 것으로 보인다. 무왕이 어린 시절 재배하였던 마가 자생종인지 아니면 외국에서 도입된 마인지는 알 수 없다.

마는 둥근마, 단마, 장마로 크게 나뉜다. 자생종 마는 둥근 모양이며 수분함량은 50% 정도로 장마보다 수분 함량이 적고 단단하다. 마는 물빠짐이 좋은 모래가 많은 땅에서 잘 자란다. 안동, 의성, 군위, 영천 등 경북지역에서 주로 생산되는데, 특히 안동 지역의 기온과 토질이 마를 재배하기 적당한 조건을 갖고 있어 전국 마 생산의 반 이상을 차지하고 있다. 둥근마는 주로 충남 논산 금강 지류가 흐르는 벌곡 지역을 중심으로 재배하고 있다. 350m 고지여서 일교차가 커 질 좋은 마가 생산된다.

마는 한방에서 산약이라고 하는데 설사, 당뇨 등을 치료하는 데 사용해 왔으며, 뮤신 성분이 많아 위벽을 강화하고 보호하는 데 쓰인다. 다양한 기능을 갖고 있어 최근에는 건강식품으로 수요가 증가하고 있다.

모란꽃이 피었다가 질 때까지
그 말과 다름이 없었다

모란

천마총의 모란. 선덕여왕이 즉위 전 공주시절 당태종이
세 종류의 모란 씨앗을 보냈다고 한다.

당태종이 붉은색, 자주색, 흰색의 세 가지로 그린 모란꽃 그림과 씨앗 세 되를 보내왔다. 왕이 그 꽃 그림을 보고는 말하였다. "이 꽃은 정녕코 향기가 없을 것이다." 명을 내려 씨를 뜰에 심도록 하였더니 그 꽃이 피었다가 질 때까지 과연 그 말과 다름이 없었다.

唐太宗送畵牧丹三色紅紫白 以其實三升
王見畵花曰 此花定無香 仍命種於庭 待其開落 果如其言

첨성대 주변의 모란.
선덕여왕은 그림에 나비가 없으므로 꽃에 향이 없는 것을 미리 알았다.

선덕여왕의 지혜를 알려주는 대목이다. 선덕여왕은 우리나라 최초의 여왕으로 국내외로 여러 가지 시련을 겪었다. 반대세력의 등장으로 사회가 동요하였고 백제와 고구려가 자주 공격을 하였다. 당태종은 "너희 나라는 부인을 임금으로 삼아 이웃나라로부터 업신여김을 당한다. 주인 없이 도적이 들끓고 편할 때가 없다."라고 하였다고 『삼국사기』에 전한다.

선덕여왕은 당태종이 보내온 모란꽃 그림에 나비가 없으므로 꽃에 향이 없는 것을 미리 알아채었고, 겨울인데도 많은 개구리가 모여 우는 소리를 듣고 백제 병사가 숨은 곳을 알아내어 퇴치했으며, 본인이 죽을 날을 미리 예측했을 정도로 현명하다는 것을 나라 안팎으로 알림으로써 여성 폄하의식을 극복하고자 하였다. 선덕여왕은 첨성대, 황룡사 9층 목탑, 분황사 등을 지었으며, 성품이 너그럽고, 어질며, 총명하고, 민첩하였다고 전한다.

선덕여왕이 공주로 지내던 시기인 7세기 초에 도입된 것으로 보이는 모란은 중국 이름 목단에서 유래된 것인데 꽃이 화려하여 꽃의 왕(花王)으로, 또 부귀를 뜻하는 식물로 부귀화(富貴花)라고도 불렸다. 『삼국사기』에 전하는 설총의 「화왕계」에서 "예전에 화왕인 모란이 처음 이 땅에 들어왔을 때 향기로운 꽃동산에 심고 푸른 장막으로 보호하였는데, 봄이 되어 곱게 피어나 온갖 꽃들을 능가하여 홀로 뛰어났습니다. 이에 가까운 곳으로부터 먼 곳에 이르기까지 곱고 어여쁜 꽃들이 빠짐없이 달려와서 혹시 시간이 늦지나 않을까 그것만 걱정하며 배알하려고 하였습니다."라고 모란이 온갖 꽃들보다 아름다웠음을 찬양하였다. 왕비나 공주의 옷에 모란 무늬가 들어갔으며, 복스럽고 덕 있는 미인을 활짝 핀 모란꽃에 비하였다.

꽃이 크고 화려하면 대개 향이 적다. 향이 없이도 곤충을 불러들이기에 충분하기 때문이다. 작거나 흰색을 띤 꽃들이 오히려 향이 강한 경우가 많다. 꽃을 크게 만들려면 에너지가 더 들고, 꽃에 짙은 색을 넣거나 향을 내는 것도 많은 광합성 산물이 필요하다. 따라서 크기, 색, 향 세 가지를 모두 가진 꽃을 보기는 쉽지 않다. 그러나 모란은 이 모두를 가진 꽃이다. 모란이 꽃 중의 왕이 된 이유일 것이다. 모란의 향과 색 덕분에 국색천향(國色天香)이라 하였다. 모란은 6~7세기부터 원예품종이 만들어지기 시작한 것으로 알려졌으며, 그 후 다양한 색깔과 모양을 가진 수많은 품종이 개발되었다. 선덕여왕 시기에 중국에서 들어온 모란은 향이 강하지 않은 초기 품종이었을 것이며, 훗날 향이 강한 품종이 개발되었을 것으로 추측된다.

오죽헌의 모란. 6~7세기부터 원예품종이 만들어지기 시작하였다.

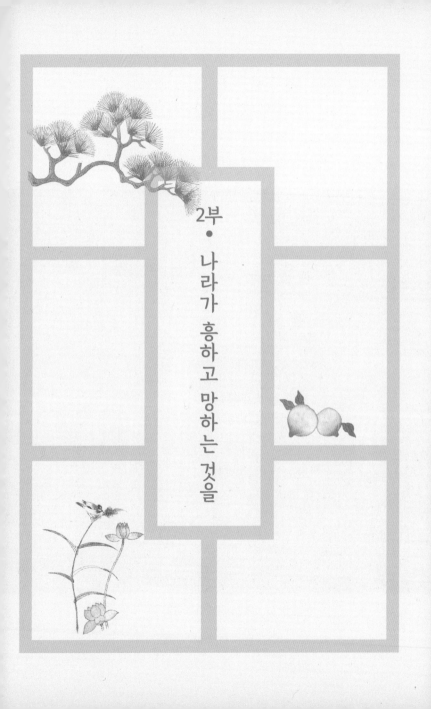

2부
· 나라가 흥하고 망하는 것을

대나무는 합친 후에야
소리가 나게 되어 있으니

대나무

담양 죽녹원. 31만 평의 대나무 숲속에 여러 개의 산책길이 있다.

왕이 행차에서 돌아와 그 대나무로 피리를 만들어 월성(月城)의 천존고(天尊庫)에 보관하였다. 이 피리를 불면 적병이 물러가고 병이 나으며, 가뭄에는 비가 오고 장마는 개며, 바람이 잦아지고, 물결이 평온해졌다. 이를 만파식적으로 부르고 국보로 삼았다.

駕還 以其竹作笛 藏於月城天尊庫 吹此笛 則兵退病愈
旱雨雨晴 風定波平 號萬波息笛 稱爲國寶

동해의 섬 하나가 감은사 쪽으로 떠내려 왔다. 섬에 있는 거북처럼 생긴 산 위에 대나무가 낮에는 둘이 되고 밤에는 하나로 합친다고 신하가 신문왕에게 아뢰었다. 왕이 바다의 용에게 그 이유를 물으니 "대나무는 합친 후에야 소리가 나게 되어 있으니, 성왕께서 소리로써 천하를 다스릴 징조입니다. 왕께서 이 대나무로 피리를 만들어 불면 천하가 화평해질 것입니다. 용이 된 문무왕과 천신이 된 김유신 장군이 한마음이 되어 이런 큰 보물을 왕께 바치도록 한 것입니다."라고 대답하였다. 그래서 왕은 그 대나무로 피리를 만들어 왜적의 침략을 막았다고 전한다. 문무왕은 외삼촌인 김유신 장군과 함께 백제와 고구려를 멸망하게 하고 당나라를 쫓아내어 삼국통일의 대업을 이루었다. 통일한 영토를 왜구의 침략으로부터 막고자 하는 염원으로

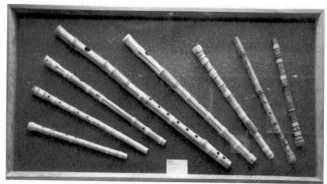

담양에 있는 한국대나무박물관에 전시된 대나무 피리

문무왕은 감포 바닷가에 감은사를 창건하고 사후에는 동해의 용이 되어 바다를 지키고자 했다.

　일본은 해룡과 만파식적을 가진 신라를 공격한다는 것이 부담되었을 것이다. 신라를 침략하려던 일왕은 만파식적이 실제로 있는지 확인하고자 사신을 보내 금 50냥을 내고 피리를 보고자 하였다. 거절을 당하자 다음 해에 금 1,000냥을 보내면서 다시 보기를 청했다. 원성왕은 만파식적을 보여주지 않고 금을 돌려보냈다고 전한다. 전해 내려오는 만파식적을 잃어버렸다가 원성왕이 얻었다고 『삼국유사』에 전하는 것으로 보아 8세기 후반까지 왕실에 보관되어 있던 피리인 것 같다. 『신증동국여지승람』에도 용이 바친 옥적(玉笛)이 왕에게 보배로 전하였다고 기록하고 있다.

이 설화의 의미는 다양하게 해석되고 있으나 삼국통일 후 왕권의 정당성을 높이고 국력을 강화하려고 만들어졌다는 견해가 크다. 이유야 어쨌든 대나무로 만든 피리가 신라 왕실에 보배로 전해진 것은 분명해 보인다. 금도 아니고 불탑도 아닌 흔한 대나무로 만든 피리가 국보급 대접을 받은 것은 만파식적의 소리가 하늘에 닿아 선인들의 도움으로 온갖 파란을 잠재울 수 있다고 믿었기 때문이었을 것이다.

모차르트가 작곡한 오페라 「마술피리」는 자라스트로에게 잡혀있는 밤의 여왕의 딸 파미나를 구하기 위해 타미노가 마술 피리를 들고 찾아가는 내용인데, 피리를 불면서 모든 역경을 극복하는 점에서 만파식적과 유사하다. 만파식적으로 오페라를 만들면 모차르트의 마술피리보다 더 극적이고 웅장할 수 있다고 생각해본다. 이처럼 『삼국유사』에는 오페라의 한류를 일으킬 만한 소재가 풍부하다.

5세기로 추정되는 고구려 벽화에 피리가 그려져 있는 점으로 보아 한반도에 피리가 오래전에 전파되었을 것으로 추정된다. 고려시대에 이르러 피리는 궁중음악과 민속음악에 널리 사용된 것으로 보인다.

대나무는 피리 이외에도 장구, 북 등 다양한 악기를 만들어 연주하였으나 대부분 맥이 끊겨 이를 복원하고자 하는 움직임이 대나무축제 등에 간혹 보이나 아직은 미미하다.

신라시대의 장군 물계자(勿稽子)는 제10대 내해왕 17년(212년) 변방 국가에서 쳐들어온 적군을 보라(나주)에서 물리치는 큰 공을 세웠지만, 태자의 미움을 사서 공을 보상받지 못했다. 3년 후 갈화(울산) 전투에서의 공도 알아주지 않자 물계자는 아내에게 "보라와 갈화에서의 싸움은 진실로 나라의 환란이었고 임금이 위태로웠는데 나는 목숨을 바치는 용기가 없었으니 충성스럽지 못한 것이고, 그 허물이 아버님께 미쳤으니 어찌 효라 할 수 있겠소. 충과 효를 모두 잃었으니 무슨 면목으로 조정과 저자를 다니겠는가." 하고 말했다.

감은사 주변의 대나무. 삼국을 통일한 문무왕이 왜구의 침입을 막고자 짓기 시작하여, 신문왕이 완공한 감은사 절터에 2기의 삼층석탑만 남아있다. 절터를 발굴해보니 용이 물길을 따라 절터에 도달할 수 있도록 금당 밑에 공간이 만들어져 있음이 발견되었다.

그리고는 머리를 풀고 거문고를 지니고 사체산으로 들어갔다. 그는 대나무의 곧은 성질이 병임을 슬퍼하며 그것을 비유하여 노래를 짓고, 산골짜기를 흐르는 물소리에 비겨서 거문고를 타며 곡조를 붙이고 살면서 다시는 세상에 나타나지 않았다.

乃被髮荷琴 入師彘山 悲竹樹之性病 寄托作歌
擬溪澗之咽響 扣琴制曲 隱居不復現世

대나무는 사군자의 하나로 꿋꿋한 지조와 절개를 상징한다. 『신라본기』에 법흥왕 14년(527년) 이차돈이 불법을 위해 몸을 바쳤다는 기록이 있는데, 『삼국유사』에서는 이차돈을 "대나무와 잣나무 같은 절개로 자질을 삼고 물과 거울 같은 지조에 뜻을 두었다."라고 기술하고 있다. 곧게 자라는 대나무를 꿋꿋한 지조에 비유하고, 나무 속이 비어있음을 마음을 비운 청렴함으로 보았으며, 겨울이 되어도 시들지 않고 늘 푸른 특성을 변치 않는 지조로 보았다. 윤선도는 「오우가」에서 아래와 같이 대나무를 찬양한다.

나무도 아닌 것이 풀도 아닌 것이
곧기는 뉘가 시켰으며
속은 어이 비었는가
저렇게 사시에 푸르니 그를 좋아하노라

갑자기 귀에 댓잎을 꽂은 군대가 도우러 와서 우리 군대와
힘을 합쳐 적을 공격하여 무찔렀다. 군대가 물러간 후에는
그들이 어디로 갔는지 알 수 없었다. 다만 미추왕릉 앞에
댓잎이 쌓여 있는 것을 보고 그제야 선왕이 음덕으로 도와
공을 세운 것임을 알게 되었다. 그래서 그의 능을 죽현릉
이라 불렀다.

忽有異兵來助 皆珥竹葉 與我軍幷力 擊賊破之
軍退後不知所歸 但見竹葉積於未鄒陵前
乃知先王陰隲有功 因呼竹現陵

경북 청도 지역의 부족 국가인 이서국(伊西國)이 경주를 공
격하였다. 힘이 부치던 차에 이미 돌아가신 미추왕의 군대가 갑
자기 나타나 도와주어 위기를 넘겼다는데 이 군대가 댓잎을 귀
에 꽂고 있었다는 설화이다.

미추왕릉 주변에는 아직도 대나무가 남아있어 전설을 입증
하는 듯하다. 미추왕릉 뒤편에 계림14호분이 자리하고 있다.
이 고분에는 가는 고리 귀걸이와 큰 칼을 옆에 찬 두 사람이 묻
혀있는데 함께 발견된 화려한 화살통 및 말갖춤(마구) 등으로
미루어 보아 신분이 매우 높은 무사로 보인다. 이 고분에서 발
견된 가는 고리 귀걸이를 댓잎 귀걸이로 보는 견해가 있다. 미추

왕의 군대가 댓잎으로 귀를 장식한 강력한 부대였다는 것을 암시한다. 우리나라 군대의 영관급 계급장은 대나무 잎으로 구성되어 있다. 대나무처럼 항상 푸름과 굳건함 그리고 절개를 지키는 장교가 되라는 뜻인데 신라시대의 군대도 비슷한 이유로 대나무 잎을 달았을 것이다.

대나무는 이른 여름에 순이 나와 한 달 정도의 기간에 다 자라서, 큰 것은 10m에 달한다. 이름에 '나무'가 들어가지만 식물학자들은 대나무를 풀의 일종으로 분류하는데, 나무와 달리 한 해에 다 자라기 때문이다. 나무는 해마다 성장하여 커지고, 줄기가 굵어지며, 가운데가 단단해지나, 풀은 줄기가 연약하고

미추왕릉 주변의 대나무 숲

벼나 보리처럼 가운데가 비어있는 경우가 많다. 대나무 줄기는 속이 비어있어 풀에 가깝다. 풀과 나무를 구분하는 또 다른 방법은 꽃핀 후의 습성이다. 나무는 해마다 제철이 되면 꽃피고 계속 자라지만, 풀은 한 번 꽃피면 죽거나 살더라도 뿌리만 남는다. 백 년을 산다는 대나무는 꽃이 피고 나면 죽는 풀의 특성을 보인다. 한 대나무에 꽃이 피면 주변의 대나무들도 동시에 피고 함께 죽기 때문에 이를 개화병이라고도 부르는데, 꽃을 피우게 하는 신호 물질이 공기로 전파되거나 뿌리로 정보를 전달할 가능성이 있지만 정확히 밝혀지지는 않았다. 식물은 스트레스를 받으면 꽃을 피우는데 가뭄이나 추위, 영양부족 등의 환

이른 봄 올라오는 대나무 순

경 요인으로 살기가 힘들어지면 죽기 전에 자손에게 모든 것을 주려는 본능이다.

"네가 앉아 있는 산꼭대기에 대나무 한 쌍이 솟아날 것이다. 반드시 그곳에 불전을 지어야 한다." 법사가 그 말을 듣고 동굴에서 나오자, 과연 땅에서 대나무가 솟아났다. 그래서 금당을 짓고 불상을 모시니, 둥근 얼굴과 고운 모습이 장엄하고 엄숙하여 하늘이 내려 준 것 같았다. 대나무가 없어지고 나서야 바로 관음의 진신이 머무른 곳임을 알았다. 그래서 절 이름을 낙산사라 하고, 법사는 자기가 받은 두 개의 구슬을 성전에 모셔 놓고 떠났다.

於座上山頂雙竹湧生 當其地作殿宜矣

師聞之出崛 果有竹從地湧出

乃作金堂 塑像而安之 圓容麗質 儼若天生

其竹還沒 方知正是眞身住也

因名其寺曰洛山 師以所受二珠 鎭安于聖殿而去

통일신라 초기의 승려이자 철학자인 의상대사는 왕족 출신으로 당나라에서 20년간 유학하며 화엄종의 법통을 이어받았다. 귀국 후 낙산 바닷가에 있는 관음굴에 관음보살이 머문다는 말을 듣고 대사는 그곳을 찾아가 기도를 하였다. 기도한 지 2주가 지나자 관음보살이 나타나 대나무가 솟아날 곳에 불전을 지으라는 지시를 하였는데 이를 따라 그곳에 절을 세웠다고 전한다. 대나무가 낙산사 설화에 등장하는 것은 의상대사의 곧고 치밀한 삶의 태도와 높은 학문을 표현하기 위함이었을 것이다.

건립 위치를 지시받은 곳에 세운 원통보전은 2005년 양산 산불로 전소되었는데, 현 전각은 2007년 복원된 것이다. 다행히도 홍련암과 의상대는 산불 피해를 보지 않았다. 의상대사가 홍련 위의 관음보살을 친견한 관음굴 위에 설치한 홍련암은 대나무 군락으로 싸여있어 불길이 닿지 않은 것으로 보인다. 의상대는 송강 정철의 「관동별곡」에서 소개한 관동팔경 중 하나로, 일출을 보기에 좋은 곳으로 유명하다.

대나무는 추위에 약하여 전국의 죽림 중 84%가 전라남도와 경상남도에 분포하지만, 해안을 따라 서쪽으로는 서산, 동쪽으로는 강릉 주변까지 자란다. 낙산사는 양양 근처 바닷가에 있는 사찰로 대나무가 자랄 수 있는 북방 한계선에 있다. 대나무는 물가를 좋아해서 영산강이나 섬진강, 그리고 태화강 주변에 대밭이 많다. 가장 유명한 곳 중 하나는 담양의 죽녹원이다. 31만 평 면적의 대나무 숲속에 여러 개의 산책길을 만들어 놓았는데, 시원한 댓잎 소리를 들으며 산책하기 좋은 곳이다. 늦가을에 가면 대나무 아래서 자라는 차나무 꽃도 볼 수 있다. 담양

에는 죽제품을 만드는 마을이 많았다는데, 이곳에서 자라는 대
나무가 강하고 탄력이 좋아 제품을 만들기에 좋기 때문이다.

대나무 종류에는 높게는 10여 미터씩 자라는 왕대, 다 자란
것이 5m 정도로 중간 크기의 이대, 그리고 깊은 산속 다른 나
무 밑에서 자라는 조릿대 등이 있다. 왕대는 다양한 죽제품을
만드는 데 사용하며, 건축 재료로도 쓰인다. 이대는 줄기 지름
이 1cm 정도인데 예전에는 화살대를 만드는 데 사용하였다. 강
릉 율곡 선생 생가에 자라는 오죽은 왕대보다는 조금 작은 솜
대의 일종으로 줄기가 검은 대나무이다. 독특한 색 때문에 담
뱃대, 지팡이, 장식 등을 만드는 데 쓰였다.

죽순으로 요리를 하였고, 대나무 잎으로 죽을 만들거나 떡

을 싸두어 상하지 않게 하는 등 대나무는 다양한 용도로 사용되었다. 신라 고분에서 말안장 밑에 까는 대나무로 만든 방석이 출토되었는데, 이는 오래전부터 대나무를 방석 만드는 데 사용하였다는 것을 말해준다.

어린 시절 친구를 죽마고우(竹馬故友)라고 한다. 대나무에 머리와 꼬리를 붙이고 말처럼 타고 함께 놀던 친구를 의미하는데 '竹馬'라는 용어가 처음 사용된 것은 『후한서』이며, 『삼국유사』 및 고구려 고분벽화에서도 나오는 것으로 보아 삼국시대에 죽마놀이가 성행하였음을 짐작하게 한다.

강희안은 『양화소록』에서 대나무에게 1등급을 주었다. 송나라 제일의 문장가 소동파(1037~1101)는 "고기 없는 식사는 할 수 있어도 대나무가 없는 생활은 할 수 없다. 고기가 없으면 몸이 수척해지지만 대나무가 없으면 사람이 저속해진다."라고 했을 정도로 옛사람들은 대나무에 대한 애정이 각별했다. 대나무로 집을 짓고, 가늘게 쪼개 옷을 만들어 입고, 대자리나 삿갓을 만들었으며, 종이가 발명되기 전에는 종이 대용으로 대나무에 글을 써서 기록했다.

왕대나 솜대, 이대 등 우리 주변의 대나무들은 오래전에 중국에서 들어온 것이다. 우리 토종 대나무는 높은 산 중턱쯤 가면 군락을 쉽게 만날 수 있다. 조리를 만드는 데 쓰여 조릿대라고 이름 붙여졌는데, 다른 대나무와 달리 추위에 강하고 크게

왕대나무 줄기. 다양한 죽제품 제작에 쓰인다.

강릉 오죽헌의 오죽. 솜대의 일종으로 줄기가 검은 대나무이다.

지리산 화엄골의 이대. 화살대를 만드는 데 사용하였다.

조릿대 꽃. 조릿대 줄기는 조리, 바구니 등 생활용품을 만드는 데 쓰였다.

자라지 않아 높이 1~2m에 그친다. 대나무 꽃은 평생 보기 어렵지만 조릿대 꽃은 비교적 쉽게 볼 수 있다. 조릿대 열매로 굶주린 백성들이 밥을 지어 먹었는데, 향기롭고 맛이 훌륭한 식품이었다고 한다.

한 해 동안 사용할 조리를 사서 정월 초하룻날 벽에 걸어두는 풍습이 있었는데, 이를 복조리라 불렀다. 조릿대 줄기는 가늘고 쉽게 휘어 바구니나 작은 상자 등 각종 생활용품을 만드는 데 쓰였다. 잎과 줄기는 약재로 만들어 다양한 성인병 치료에 쓰이며, 봄에 새순으로 차를 만들기도 한다.

소나무 위에서
파랑새 한 마리가 만류하길

소나무

경주 대릉원 소나무

그때 들 가운데 있는 소나무 위에서 파랑새 한 마리가 그를 불러 말했다. "제호 스님은 그만두시게." 그러고는 갑자기 사라져 보이지 않고 그 소나무 아래에 신발 한 짝만이 남아있었다. 법사가 절에 도착해 보니 관음보살의 자리 아래에 앞서 보았던 신발의 나머지 한 짝이 있었으므로 아까 만났던 여인이 관음보살의 진신임을 깨달았다. 그 때문에 당시 사람들은 그 소나무를 관음송(觀音松)이라 했다.

時野中松上有一靑鳥 呼曰休醍□和尙
忽隱不現 其松下有一隻脫鞋 師旣到寺
觀音座下又有前所見脫鞋一隻 方知前所遇聖女乃眞身也
故時人謂之觀音松

원효대사가 관음보살을 접견하기 위해 낙산사를 찾아가다가 소나무 아래에서 본 한 짝의 신발과 낙산사 절에 있던 다른 한 짝의 신발을 보고 그제야 오던 길에 만났던 여인이 관음보살임을 알게 되었다고 한다.

낙산사는 여러 번의 화재와 복원을 거쳤는데, 2005년 일어난 산불로 보물 479호였던 낙산사 동종이 녹고, 대부분 전각이 소실되었다. 이와 함께 주변의 나무들이 불에 탔는데, 의상대 주변에 몇 그루의 소나무가 화마를 피하고 살아남았다. 소나무

원효대사가 관음보살을 접견하기 위해 찾아간 낙산사의 의상대

가 불에 잘 타는 것은 송진 때문인데, 송진을 예전에는 횃불의 연료로 이용하기도 하였다. 태평양 전쟁 당시 일본이 부족한 연료를 보충하기 위해 우리나라 소나무 줄기에 상처를 내어 송진을 수탈한 흔적이 아직도 곳곳에 남아있어 안타깝다.

전나무나 가문비나무 등도 불에 잘 타는 성분을 만든다. 따라서 이러한 나무들이 많은 숲은 산불이 나서 크게 번질 가능성이 크다. 반면에 산불에 잘 견디는 나무들도 있다. 나무껍질이 두꺼운 은행나무는 불에 잘 견딘다. 수천 년을 살아온 자이언트 세쿼이아는 껍질층의 두께가 30cm 이상이어서 여러 번의 산불에도 살아남았다. 양양산불로 낙산사의 대부분 건물이

유실되었는데, 대나무에 싸인 홍련암과 낙산사는 화재를 피했다. 불에 잘 타지 않는 나무를 방화수로 심어놓으면 산불의 확산 속도를 낮출 수 있다고 하니 산불이 잦은 지역의 숲은 방화수를 섞어 조성할 필요가 있어 보인다.

김씨 집안 재매부인이 죽자 청연 상곡에 장사지내고 이곳을 재매곡이라 불렀다. 매년 봄에 온 집안의 남녀가 그 계곡의 남쪽 시내에 모여 잔치를 했다. 그때는 온갖 꽃이 피고 송화(松花)가 마을 숲에 가득하였다. 계곡 입구에 암자를 짓고 송화방(松花房)이라 부르고 원찰로 삼았다고 한다.

金氏宗財買夫人死 葬於靑淵上谷 因名財買谷
每年春月 一宗士女會宴於其谷之南澗
于時百卉敷榮 松花滿洞府林
林谷口架築爲庵 因名松花房 傳爲願刹

김유신 장군 집안의 여인인 재매부인이 묻혀있는 재매곡이란 지역에 소나무 꽃가루가 날릴 때 가족이 모여 잔치를 했다고 전한다. 재매부인이 장군의 부인이라고 보는 견해가 크나 조선시대 지리서인 『신증동국여지승람』에는 김유신의 종녀(宗女)로 기록되어 있어 누구인지 확실치 않다.

소나무는 예로부터 선조들이 아끼고 사랑하던 나무다. 소나무로 집을 짓고, 가구를 만들었으며, 땔감으로 쓰는 등 용도가 많았다. 소나무를 때면 높은 온도에 도달할 수 있어, 조선백자와 같은 고급 도자기를 굽는 데에도 쓰였다.

소나무 꽃가루를 송화라고 부르며 주로 다식이나 밀수로 만들어 먹었다. 『조선왕조실록』에서 송화가 곡물 목차에 들어 있으며, 중국에 진헌하는 물품이었다. 송화가 충청도, 경상도, 전라도에서 많이 생산된다고 『세종실록』에 기록되었다. 현대에

경주 불국사 소나무

소나무 수꽃. 바람을 이용해 꽃가루받이하는 소나무는
대량의 꽃가루를 만들어 내어 바람에 날려 보낸다.

꽃가루가 몸에 좋다는 것이 알려지면서 비폴렌이 판매되고 있
다. 비폴렌은 벌이 꽃가루를 모은 것인데 미네랄, 단백질, 카로
티노이드, 플라보노이드 등 다양한 영양소가 풍부하여 염증 감
소, 면역 강화 등의 기능이 있는 건강식품으로 주목을 받고 있
다. 꽃가루가 기관지로 들어와 알레르기성 호흡기 질환을 일으
키는데, 송홧가루는 다른 나무의 꽃가루보다 입자가 커서 봄철
알레르기의 주된 요인이 아니라는 보고가 있다. 입자가 작은 참
나무, 자작나무, 오리나무 등의 꽃가루가 봄철 알레르기의 주
범이라고 한다.

　송화 외에도 소나무는 다양한 용도로 식용하였다. 솔잎은

송편을 찔 때 떡 밑에 깔았고, 약으로 쓰며, 차나 술을 만들어 마셨다. 속껍질은 기근을 넘기기 위한 먹거리였다. 『삼국유사』에 의하면 서기 432년 곡식이 귀하여 소나무 껍질을 먹었다고 한다. 공생하는 송이버섯은 값비싼 식재료이고, 뿌리에 근균이 공생해서 만든 복령은 귀한 약재이다.

주몽이 부여를 떠날 때 부인이 태기가 있었는데 "아들을 낳으면 나의 유물이 칠각형의 돌 위에 있는 소나무 밑에 숨겨있으니, 만일 이것을 발견하면 곧 나의 아들일 것이오."라고 말했다. 아들 유리가 자라나 이 말을 전해 듣고 산골로 여기저기 찾아다니다 실패하여 돌아와 낙심하고 마루에 앉아있었는데, 주춧돌이 칠각형인 것을 보고 그 위에 세워진 소나무 기둥 밑에서 부서진 칼 조각을 찾아냈다고 한다. 이를 가지고 졸본으로 가서 주몽이 가지고 있던 칼과 맞추니 하나가 되어 태자가 되었고, 훗날 왕위를 잇게 되었다고 『삼국사기』에 전한다.

위의 문장은 소나무가 기둥으로 쓰였다는 최초의 기록이며 오래전부터 만주 지방에 소나무가 잘 자라고 있었다는 것을 암시한다. 유적지 조사에 의하면 석기시대와 삼국시대에는 참나무, 느티나무, 느릅나무, 단풍나무 등 활엽수를 주로 사용하여 건물을 지은 것으로 보인다. 이 나무들이 소나무보다 견고하기 때문일 것이다. 그런데 건물 기둥으로 쓰일 정도의 좋은 고목이 점차 고갈되어 5두품, 4두품 이하는 집 짓는 나무로 느릅나무를 써서는 안 된다고 규제하였다는 기록이 『삼국유사』에 전한다. 조선시대에 들어서면서 소나무가 건축 재료로 주로 쓰였다. 인구가 많아지면서 산림이 파괴되어, 오래된 활엽수를 쉽게 구하기 힘들어지고, 소나무가 자라는 지역이 많이 증가했기 때문으로 보인다.

원효는 일찍이 분황사에 머물면서 화엄경소(華嚴經疏)를 지었는데, 제4권 십회향품(十廻向品)에 이르러 마침내 붓을 그쳤다. 또 공적인 일로 인하여 몸을 일백 소나무에 나누니 모두 이를 위계(位階)의 초지(初地)라고 하였다.

會住芬皇寺 纂華嚴疏 至第四十廻向品 終乃絶筆
又嘗因訟 分軀於百松 故皆謂位階初地矣

불교의 대중화를 위해 평생 노력한 원효대사에게 가장 어울리는 나무를 고르라면 소나무가 아닐까 한다. 최근 산림청의 조사에 의하면 응답자의 반 정도가 가장 좋아하는 나무로 소나무를 꼽았다. 우두머리라는 '수리'가 솔로 바뀌어 '솔나무'로 그리고 '소나무'로 변하였다는 견해가 있다. 그만큼 소나무는 모든 나무의 으뜸으로 우리나라 사람들이 좋아하는 나무이다. 원효대사는 가장 대중적인 소나무를 좋아했을 것이다.

원효대사가 머물면서 화엄경소를 지은 분황사의 모전석탑

소나무는 고분벽화나 유적에서도 종종 나타난다. 고구려 고분 진파리1호분과 진파리4호분에 소나무가 그려져 있으며 백제 시대 유적에서 나온 벽돌에도 소나무가 새겨져 있다.

『삼국사기』에 따르면 신라 24대 진흥왕 때 솔거가 황룡사 벽에 늙은 소나무를 그렸는데 줄기는 비늘처럼 터져 주름지고 가지와 잎이 얼기설기 서리어 까마귀, 솔개, 제비, 참새들이 가끔 날아들다가 허둥대며 떨어지곤 하였다고 전한다. 그 노송도

(老松圖)는 몽고 전란 때 황룡사와 함께 소실되었다.

소나무를 좋아하던 우리 조상의 피는 현대인에게도 흘러 우리는 공원과 아파트 단지 등 가까이에 구불구불 자라는 소나무를 심어두고 이들을 보며 심신을 달랜다.

소나무 숲에 들어가면 피곤한 몸과 마음에 치유가 일어난다. 소나무에서 나오는 쾌적하고 시원한 내음이 마음을 안정시켜 줄 뿐만 아니라 우리 몸의 노폐물을 내보내고 면역체계를 강화한다고 한다. 우리를 즐겁게 하는 소나무 향기를 피톤치드라고 하는데 이 물질의 주요 성분은 다른 식물이나 균이 자라지 못하게 하는 제초제이다. 그래서 소나무 밑에는 다른 식물은 물론 어린 소나무도 자라지 못한다. 화학적으로 만든 제초제는 인체에 해로우나 자연이 만드는 제초제는 선택적이어서 사람에게는 해를 끼치지 않고 오히려 이로운 역할을 하니 자연의 신비함을 소중하게 간직하고 보호하여야 한다.

한때 우리나라 산림의 반 이상을 차지하던 소나무는 이제 1/4 정도로 줄어들었다. 참나무와 산벚나무와 같이 빠르게 자라는 경쟁자에게 자리를 빼앗기기 때문이다. 예로부터 소나무는 사람의 손에 의해 보호되며 살아왔다. 그러나 산림이 울창해지면서 사람의 손길이 덜해지고 그만큼 소나무가 자라는 면적이 감소하고 있다. 소나무는 비교적 찬 곳을 좋아하기 때문에 지구온난화는 소나무에 좋은 소식이 못 된다. 반세기 후에는

남한에서 소나무가 거의 다 없어질 것이라는 예측도 있다.

진표율사는 아버지와 함께 다시 발연수로 돌아와 수도하고 효도하면서 일생을 마쳤다. 율사는 임종할 즈음에 절의 동쪽 큰 바위 위로 올라가 죽었다. 제자들이 그의 시신을 옮기지 않고 그대로 공양하다가 유골이 흩어진 이후에야 흙으로 덮어 무덤을 만들었다. 얼마 후 그곳에서 푸른 소나무가 나왔는데 오랜 세월이 흘러 말라 죽고 다시 한 그루가 자라났다. 그 후 다시 한 그루가 자라났는데, 뿌리는 하나였다. 지금도 두 그루의 나무가 남아있는데, 공손히 절하는 사람이 소나무 아래에서 뼈를 찾으면 어떤 때는 얻기도 하고, 어떤 때는 얻지 못하기도 했다. 나는 스님의 뼈가 다 없어질까 염려되어 정사년(1197년) 9월에 특별히 소나무 아래로 가서 뼈를 주워 모아 통에 담으니 세 홉 남짓 되었으므로 큰 바위 위의 두 나무 아래 비석을 세우고 뼈를 묻었다.

律師與父 復到鉢淵 同修道業而終孝之
師遷化時 登於寺東大巖上示滅
弟子等 不動眞體而供養 至于骸骨散落
於是以土覆藏 乃爲幽宮 有靑松卽出

歲月久遠而枯 復生一樹 後更生一樹

其根一也 至今雙樹存焉 凡有致敬者

松下覓骨 或得或不得 予恐聖骨堙滅

丁巳九月 特詣松下 拾骨盛筒 有三合許

於大嵩上雙樹下立石安骨焉云云

강릉 오죽헌의 소나무. 율곡 선생은 "소나무가 사람을 즐겁게 하는데,
어찌 사람이 즐겨할 줄 몰라서 되겠는가." 하며 소나무를 예찬하였다.

승려 진표(眞表)는 통일신라 중기의 고승으로 완산주(전주)에서 태어났다. 개구리를 잡아 버들가지에 꿰어 물에 담가놓고 사냥을 간 후 잊고 지내다가 다음 해에 그곳에 가보니 개구리가 버들가지에 꿰어진 채 울고 있어 이를 뉘우치고 12세에 스님이 되었다고 고려 고종 때 편찬된 『해동고승전』에 전한다. 진표율사는 지장보살의 계시를 받아 금산사에서 법상종(法相宗)을 개종하고 미륵신앙을 민간에게 선도하며 많은 제자를 가르쳤다. 진표율사가 죽은 후 그 자리에 소나무가 자라나 후세 사람들이 절을 했다고 한다. 진표율사가 소나무로 다시 태어나서 제자들이 소나무처럼 늘 푸른 자세로 정진할 것을 가르친 것이다.

오래된 절이나 왕릉 주변에 소나무가 많다. 특히 경주 왕릉 주변의 소나무 줄기는 구불구불하다. 곧은 나무를 베어 썼기 때문에 굽은 것만 남았다는 견해가 있으나 굽은 소나무는 신라 고도의 운치를 한결 깊게 한다. 도심지의 조경수로 소나무가 주목을 받기 시작하면서 굽은 소나무가 인기를 얻게 되었다.

경상북도 북쪽부터 강원도에는 소나무가 곧게 자란다. 이들을 춘양목 또는 금강송이라고 하는데, 절이나 궁을 짓는 데 사용하였다. 선박을 만들기도 했는데 거북선도 소나무로 만들었다고 한다. 거북선이 일본 배와 부딪쳐서 적의 배를 부순 것은 소나무로 만든 거북선이 삼나무로 만든 일본 배보다 견고했기 때문이라는 견해가 있다. 춘양목이 곧고 곁가지가 짧은 것은 굽은 소나무가 눈의 압력으로 부러지면서 도태되었기 때문이다. 따라서 눈이 많이 오는 덕유산 무주 지역에도 춘양목이 분포하고 있다. 그러나 일제강점기에 오래된 금강송 대부분이 착취되어 큰 건물을 지을 만한 금강송이 거의 남아있지 않다.

가장 유명한 소나무는 세조가 벼슬을 주었다는 속리산 입구의 정이품송일 것이다. 600살 정도로 추정되는데 오랜 풍파로 손상을 많이 입었지만, 삿갓 모양으로 단정하고 아름다운 모습을 아직도 지키고 있다. 운문사에는 수령이 약 400년 된 처진

세조가 벼슬을 주었다는 속리산의 정이품송

소나무가 있는데 높이는 6m 정도로 그다지 높지 않으나 가지가 옆으로 길게 퍼지며 자라 주변의 약 20m의 면적을 차지했다.

『삼국유사』에 의하면 신라 4대 탈해왕은 용서국이라는 외국에서 온 이주민이라고 한다. 고기잡이하던 노파가 배를 바라보며 말했다. "이 바다 가운데는 원래 바위가 없는데 무슨 일로 까치가 모여들어 우는가?" 나무숲 아래로 배를 옮겨 놓고 배 안에는 있는 상자를 열어보니 반듯한 모습의 남자가 있었다. 이 설화의 주인공인 탈해왕은 노례왕의 뒤를 이어 23년간 초기 신라를 통치하였다.

탈해왕이 도착한 바닷가 나무숲에는 곰솔이 주로 자랐을 것이다. 곰솔은 바닷가에서 군락을 이루며 사는 소나무로 해송이라고도 하는데 소나무보다 잎이 억세고 바닷바람에 잘 견딘다. 소나무는 위로 올라가면서 줄기가 붉어지는데, 곰솔의 줄기는 윗부분도 검은빛을 띠어 흑송이라고도 불린다. 가장 오래된 것으로 추정되는 곰솔 군락이 제주시 아라동 한라산을 오르는 길목에 있는데, 제주 목사가 천제를 올렸다는 산천단이 있는 곳으로 수령 500~600년 정도로 추정되는 곰솔 여덟 그루가 남아있다.

소나무 그림으로 잘 알려진 것은 제주도로 귀양 간 추사 김정희의 「세한도」이다. 네 그루의 나무가 허름한 집 주변에 그려져 있는데 그림 설명에 『논어』의 '세한송백' 구절을 인용하였음으로 소나무와 잣나무로 해설한다. 그런데 바닷바람이 강한 제주도에서 그렸으니 곰솔일 가능성도 제기되었다.

소나무나 곰솔의 줄기는 거북 등처럼 굵게 갈라지는데 줄기가 갈라지지 않는 소나무 종류가 있다. 푸르스레한 잿빛 줄기가 군데군데 둥글게 벗겨져 하얀 속살이 드러나서 백송이라고 한다. 오래될수록 줄기가 더 하얗게 되어 귀하게 여긴다. 중국 중서부가 고향이며 조선시대 사신이 북경을 다녀오는 길에 가져다가 심은 백송이 서울에 여러 그루 살았으나 이제는 두 그루만 남았다. 가장 오래된 백송은 수령이 약 600년으로 재동에 있다. 재동은 수양대군이 집권하기 위해 단종을 보필하던 김종서를 죽인 곳이다. 피비린내를 없애기 위해서 재를 뿌렸다고

제주시 산천단에 있는 곰솔. 제주 목사가 백록담에 올라 산신에게 제사를 올렸는데 날씨가 나빠 오르기 어려울 때는 이곳에서 천제를 지냈다고 한다.

해서 재동이 되었다고 한다. 재동 백송의 추정 나이가 맞는다면 계유정란의 처참한 장면을 다 보았으리라. 조계사 대웅전 옆에도 수령이 약 500년으로 추정되는 백송이 자란다. 바로 옆에 주차장이 있어 공해 피해를 받아서인지 한쪽 큰 가지는 잘려나갔고 나머지 한 가지만 연명한다.

신라 문무왕 때에 우애가 돈독한 두 승려 광덕(廣德)과 엄장(嚴莊)이 각자의 집에서 도를 닦으며 훗날 극락세계로 가게 되면 서로 알리자고 약속을 했다.

어느 날 해 그림자가 붉게 물들고 소나무 그늘에 어둠이 깔릴 무렵, 엄장의 집 창밖에서 소리가 났다. "나는 이제 서방으로 가네. 자네는 잘 있다가 빨리 나를 따라오게." 엄장이 문을 밀치고 나가 바라보니, 구름 위에서 하늘의 음악소리가 들려오고 밝은 빛이 땅까지 뻗쳐 있었다. 이튿날 그가 광덕이 살던 곳을 찾아가 보니 광덕은 과연 죽어 있었다. 그래서 그의 아내와 함께 시신을 수습하여 함께 장사를 지냈다. 일을 마치자 엄장이 광덕의 부인에게 말했다. "남편이 죽었으니 나와 함께 사는 것이 어떻겠소?" 광덕의 아내는 이를 허락하고 엄장의 집에 머물렀다.

一日 日影拖紅 松陰靜暮 窓外有聲 報云 某已西往矣

惟君好住 速從我來 莊排闥而出顧之 雲外有天樂聲

光明屬地 明日歸訪其居 德果亡矣 於是乃與其婦收骸

同營蒿里 旣事 乃謂婦曰 夫子逝矣 偕處何如

婦曰可 遂留夜宿

죽은 남편의 친구 엄장과 함께 살기로 한 부인은 엄장이 정을 통하려 하자 거절하며 남편인 광덕과 함께 10년을 살았으나 하룻밤도 잠자리를 같이한 적이 없다고 했다. 이에 엄장은 매일 정성을 다해 수양하여 서방(극락)에 갔다고 했다.

광덕이 극락으로 가는 길에 소나무가 있었는데 광덕의 지조를 뜻함이었을 것이다. 항상 푸른 소나무는 절개나 지조를 상징적으로 표현했다. 사명대사는 「청송사」에서 소나무를 세속에서 벗어난 고고한 자태의 군자로 비유하였다. 조선시대의 문인 김수장은 『해동가요』에서 소나무는 사시사철 변치 않는 군자의 절조를 지녔다고 보았다.

꿈에 소나무를 보면 벼슬을 할 징조이고, 소나무가 무성하면 집안이 번창하며, 반대로 소나무가 죽거나 마르면 좋지 않은 일이 생길 것이라고 풀이했다. 그만큼 소나무가 옛 사람들의 생활에 깊게 밀착되어 있었다.

잣나무 가지 높아
서리 모르실 화랑

잣나무

남이섬 잣나무길. 잣나무는 화랑의 드높은 기상을 비유하기에 적절한 나무이다.

(구름을) 열어젖히니

나타난 달이

흰 구름 따라 떠가는 것이 아니냐

새파란 냇가에

기파랑의 모습이 있구나

이로부터 냇물 조약돌에

기파랑이 지니시던

마음 끝을 따르련다

아아, 잣나무 가지 높아

서리 모르실 화랑의 우두머리여

咽鳴爾處米

露曉邪隱月羅理

白雲音逐于浮去隱安支下

沙是八陵隱汀理也中

耆郎矣貌史是史藪邪

逸烏川理叱磧惡希

郎也持以支如賜烏隱

心未際叱肣逐內良齊

阿耶 栢史叱枝次高支好

雪是毛冬乃乎尸花判也

앞의 「찬기파랑가」는 신라의 대표적인 향가로 문학성이 높이 평가되고 있다. 경덕왕 24년 승려 충담(忠談)이 신라시대 화랑이었던 기파랑의 높은 인격을 자연물에 비겨 찬양하였다. 기파랑의 인물됨을 달, 흰 구름, 냇물, 조약돌, 잣나무 등으로 기술하였다. 이 향가는 여러 사람이 해석을 해 놓았는데 여기에는 양주동의 해석을 실었다.

잣나무는 높은 산에 자라는 상록수로 열매를 수확하기 위해서 또는 조경수로 심기도 한다. 잣나무는 소나무보다 곧게 자라고 잎이 짙은 초록색이다. 이러한 특성 때문에 고난에 굴하지 않는 화랑의 드높은 기상을 비유하기에 적절한 나무이다.

잣나무 솔방울. 예로부터 우리나라의 잣은 최고의 품질이었다.

무성한 잣나무는

가을에도 시들지 않듯이

나를 어찌 잊으랴 하시더니

우러러보던 그 얼굴 변하실 줄이야

달그림자가 내린 옛 못의

일렁거리는 물결을 원망하듯이

얼굴만 바라보지만

세상의 모든 것이 싫구나

物叱好支栢史

秋察尸不冬爾屋支墮米

汝於多支行齊敎因隱

仰頓隱面矣改衣賜乎隱冬矣也

月羅理影支古理因淵之叱

行尸浪阿叱沙矣以支如支

皃史沙叱望阿乃

世理都之叱逸烏隱第也

앞의 원가(怨歌)는 10구체로 지어진 향가인데 뒤의 2구는 전
해지지 않고 있다. 신라 34대 효성왕이 왕위에 오르기 전 궁궐
의 잣나무 아래에서 어진 선비 신충과 바둑을 두면서 이런 말

을 했다. "훗날에 만일 당신을 잊는다면 저 잣나무가 증거가 될 것이다." 그러자 신충이 일어나 절을 했다. 몇 달 뒤에 효성왕이 왕위에 올라 공신들에게 벼슬과 상을 주었는데 신충을 잊어버리고 순서에 넣지 않았다. 그래서 신충이 원망하는 노래를 지어 잣나무에 붙였더니 나무가 갑자기 시들어 버렸다. 왕이 괴이하게 여겨 사람을 시켜 조사하자, 그 노래를 찾아 바쳤다. 왕이 몹시 놀라고 말했다. "정사가 복잡하고 바빠 가깝게 지내던 사람을 잊을 뻔했다." 왕이 신충을 불러서 벼슬을 주자 잣나무가 곧 생기를 되찾았다.

윗자리로 올라가면 자신의 옛 시절을 쉽게 잊어버리기는 예나 지금이나 마찬가지이다. 신충과 효성왕의 약속을 증명하는 잣나무가 있었기에 신충은 효성왕에 다시 다가갈 수 있었다. 예전에는 잣나무의 늘 푸른 특성이 변치 않은 약속을 뜻하기 좋은 나무로 보았다.

신충은 효성왕에게 중용되었으며 효성왕을 이은 경덕왕 때 상대등에 올랐으나 관직에서 물러나 지리산에 은둔하며 살다가 승려가 되어 단속사를 짓고 왕의 복을 빌며 여생을 살았다. 단속사는 지리산 동쪽 기슭에 있는 절로 규모가 큰 사찰이었는데 정유재란 때 불타 폐사된 것으로 전한다. 절터에는 2개의 삼층석탑이 남아 충성스러운 신충과 이를 잠시 잊었다가 늦게나마 약속을 지킨 효성왕을 생각나게 한다. 절을 복원하고 주변에 잣나무를 풍성하게 심어 믿음이 부족한 현세의 안식처가 되었으면 좋겠다.

우리나라를 대표하는 상록수는 단연 소나무이다. 그러나 소나무의 영명은 Japanese red pine이며 잣나무는 Korean pine이다. 따라서 잣나무가 한국의 소나무로 다른 나라에 알려졌다. 소나무는 사람의 손이 닿아야 잘 번식하지만 잣나무는 자연적으로 우리나라 산지에 잘 자라는 것을 보면 잣나무가 한국을 대표하는 상록수 중의 하나임은 분명하다. 잣나무는 한대성이어서 남쪽 지방에는 1,000m 이상의 산지에 주로 자라나, 중부지방에서는 300m 이상의 지역에서 잘 자라서 가평이 잣의 산지가 되었다. 울릉도에서 자라는 섬잣나무는 잎의 길이가 짧은데 잣나무보다 천천히 자라고 아담해서 정원수로 심는다.

잣나무에는 솔방울보다 크고 긴 열매가 달리고 그 안에 잣이 익어 늦가을에 떨어진다. 예로부터 우리나라의 잣은 최고의 품질이어서 중국에서도 매우 귀하게 여겼다. 『동의보감』에서 잣을 장복하면 몸이 산뜻해지고 불로장수한다고 했다. 한방에서는 잣을 폐와 장을 다스리는 데 쓴다. 덜 익은 파란 솔방울로 만든 잣술은 향기가 일품인데 허약한 체질을 고치는 데 쓰인다고 한다.

화가 난 왕이 대나무를 베고
산수유를 심었는데

산수유

1,000년 전부터 산수유를 재배한 구례 산수유마을

대나무를 향해 외치기를 "우리 임금님 귀는 당나귀 귀다."
라고 하였다. 그 후 바람이 불면 대나무에서 "우리 임금님
귀는 당나귀 귀다."라는 소리가 났다. 왕은 그것이 싫어서
대나무를 베고 산수유를 심었는데, 바람이 불면 "우리 임
금님 귀는 길다."라는 소리가 났다.

向竹唱云 吾君耳如驢耳 其後風吹 則竹聲云 吾君耳如驢耳
王惡之 乃伐竹而植山茱萸 風吹 則但聲云 吾君耳長

신라 48대 경문왕은 즉위 후 갑자기 귀가 당나귀 귀처럼 길
어졌는데, 이 사실은 왕의 두건을 만드는 장인만이 알고 있었
다. 평생 왕의 비밀을 지켰던 장인은 죽기 전에 경주 도림사 대
나무 숲속에 들어가 비밀을 외쳤는데 대나무가 그 소리를 전해
서 화가 난 왕이 대나무를 베어버리고 산수유를 심었다는 코미
디 같은 전설이다. 산수유는 "당나귀 귀"라고 하지 않고 그냥
"귀가 길다."라고 점잖게 말해 화를 면했다. 너무 고지식하지 말
라는 가르침이다.

이와 유사한 전설이 그리스 신화에도 있고 유럽과 아랍지역
에도 널리 전해지는 것을 보면 경문왕 당나귀 귀 전설은 유럽
영향을 받은 것으로 보인다. 신라시대에 유럽과의 교역이 적극
적이었다는 것을 시사한다. 그런데 주변 동아시아 국가에는 유

사한 전설이 없고 우리나라에만 있는 것이 특이하다.

인간의 말을 대나무가 들었다니 전설에서나 나올 이야기인데, 식물이 비바람 소리나 새가 우는 소리를 전혀 듣지 못하는지 아니면 주변 소리를 인지하는지 궁금하다. 인간이나 동물과 다르게 뇌가 없으니 듣고 보고 말하는 능력이 없어 보이지만, 식물은 그네들 특유의 방식으로 들을 수 있다. 식물을 키우며 좋은 말을 해주면 잘 자라고, 나쁜 말을 하면 못 자라는 것을 경험했다는 사람들이 있다. 식물이 좋아하는 음악도 있다. 바이올린 소리를 좋아하고, 모차르트, 베토벤, 브람스, 하이든, 슈베르트의 부드러운 음악을 들으면 잘 자라며, 록 음악을 틀어주면 성장이 느려진다고 한다. 또한, 음악이 농작물 생산량을 증가시킨다고 한다.

산수유는 이른 봄에 가장 먼저 꽃을 피우는 나무 중 하나로 노란 꽃을 피워 삭막한 겨울이 끝남을 알린다. 구례 산동마을은 국내 최대 산수유 재배지이다. 1,000년 전 중국 산둥성(山東省)의 한 처녀가 이곳 산동으로 시집오면서 산수유 묘목을 가져왔다는 전설이 있다. 이 지역에는 할머니나무로 불리는 수령이 1,000년 정도 되는 고목이 자라는데 그때 가져온 시목(始木)으로 추측한다. 산수유는 경문왕 때 학자 최치원의 딸이 중국에서 가져왔다고도 한다. 이러한 전설은 산수유가 경문왕 재위(861~875) 시기 즈음에 중국에서 도입된 것으로 추정하게 한다.

구례군 산동면 계척마을에 있는 산수유 시목. 할머니나무라고 불리며 보호받고 있다.

체질을 보호하고 정력을 증강한다고 알려진 산수유 열매

그런데 모든 산수유가 중국에서 온 것은 아니고 일부는 한반도의 산에 오래전부터 살았다는 견해도 있다.

산수유의 갈색 줄기는 조각으로 갈라지며 벗겨지고, 새로운 껍질이 생겨나면서 독특한 운치의 무늬를 만들기 때문에, 다른 나무로부터 구분하기 쉽다. 빨갛게 익은 산수유 열매는 겨울이 되어도 한동안 달려있어 삭막한 겨울 정원을 풍요롭게 하며 새들에게 좋은 먹잇감이 된다.

열매는 약재로 쓰여 한때는 이 나무 세 그루만 있으면 자식을 대학에 보낼 수 있다 하여 '대학나무'라고도 불렀다. 산수유 열매는 신맛이 나는데, 이 성분이 허약한 체질을 보호하고 정력을 증강한다고 알려졌다. 또한, 콩팥 기능을 보완하여 야뇨증을 개선하고, 다양한 노인병 증상치료에도 도움이 된다고 한다. 산수유 열매로 담근 술은 예로부터 잘 알려진 정력 강장제이다.

왕은 노하여 갈대를 베어
그 위를 걷게 하였다

———

갈대

섬진강변의 갈대. 볼모로 잡혀있는 눌지왕의 동생을 구출한 김제상의 비장한 죽음을
갈대로 표현하였다.

"차라리 계림의 개, 돼지가 될지언정 왜국의 신하는 되지 않 겠으며, 차라리 계림의 형벌을 받을지언정 왜국의 작위와 봉록은 받지 않겠다."라고 하였다. 왕은 노하여 제상의 발 바닥 껍질을 벗기고, 갈대를 베어 그 위를 걷게 하였다. [지 금 갈대 위에 핏자국이 있는데 세간에서는 제상의 피라고 한다.] 다시 묻기를 "어느 나라의 신하냐?"라고 하니, 말하 기를 "계림의 신하다."라고 하였다.

寧爲雞林之犬狟 不爲倭國之臣子 寧受雞林之箠楚
不受倭國之爵祿 王怒 命屠剝堤上脚下之皮
刈蕪葭使趨其上 [今蕪葭上 有血<痕> 俗云 堤上之血]
更問曰 汝何國臣乎 曰 雞林之臣也

서해안에 발달한 갈대 군락

신라 17대 내물왕은 조카를 고구려에 볼모로 보냈는데 그 조카(실성왕)가 나중에 왕위에 오른 후 내물왕에 대한 보복으로 전왕의 둘째 아들을 일본에 볼모로 보내고 셋째 아들을 고구려로 볼모로 보냈다. 첫째 아들(눌지왕)도 고구려로 보내려 하자 그는 반기를 들어 실성왕을 제거하고 왕위에 올랐다. 눌지왕은 볼모로 잡혀있는 동생 미해를 데려오기 위해 김제상을 일본으로 보냈는데 김제상은 미해를 빼돌리고 자신은 잡혀서 죽임을 당했다. 『삼국사기』에서는 '장작불로 문드러지게 한 후 칼로 베었다.'라고 간단히 기술한 것에 반해 『삼국유사』에서는 제상의 비장한 죽음을 갈대로 표현하면서 더욱 장엄하고 실감나게 묘사하였다.

고구려에 천재가 발생하고 흉년이 들어 백성이 살 곳을 잃었는데도 남녀를 징발하여 궁실을 수리하는 등 민심을 잃은 봉상왕을 폐위하고 미천왕을 천거하자는 뜻으로 국상 조리가 갈대 잎을 모자에 꽂았고, 여러 신하들이 뜻을 같이하여 갈대 잎을 꽂았다고 『삼국사기』에 전한다.

갈대꽃을 노화(蘆花)라고 하는데 주로 갈매기와 함께 나타나 한가롭고 평화로운 풍경을 읊는 시조의 소재로 많이 다루었다.

갈대는 대나무처럼 생겼는데 땅속줄기를 벋어서 냇가나 강가, 바닷가 등 물기가 많은 곳에 군락을 이루며 키가 2~3m로 높게 자란다. 이른 가을에 자주색 꽃이삭을 줄기 끝에 다는데, 큰 군락이 꽃피면 마치 피에 물든 것처럼 보인다. 바람에 잘 흔들리기 때문에 여자의 마음을 빗대어 말하기도 하지만 꽃말은 신의, 믿음, 지혜 등이다. 김제상의 행적을 갈대가 간직하고 있기 때문일 것이다.

예전에는 갈대로 다양한 생활도구를 만들어 썼다. 이삭으로 빗자루를 만들었고 줄기는 지붕의 이엉으로 쓰였으며 햇빛을 가리는 발이나 물건을 담는 바구니를 만들기도 하였다. 갈대 뿌리인 노근(蘆根)은 열을 내리고 기침을 조절하는 약재로 쓰였다.

갈대는 친환경 대체에너지로 사용할 수 있는 요긴한 식물이다. 하천이나 바닷가에 잘 살면서 물을 정화하는 능력이 뛰어나 이를 이용한 수질 정화를 국가적으로 장려할 필요가 있다. 쓸모 없는 땅에서도 갈대는 뿌리가 잘 발달하여 단시간에 크게 자라 군락을 이룬다. 이를 이용하여 대체 에너지를 생산하고 온실가스 방출을 감축하고자 하는 연구가 여러 나라에서 진행되고 있다.

억새를 갈대로 혼동하기 쉽다. 같은 벼과 식물로 둘 다 큰 군락을 이루며, 가을에 꽃피기 때문이다. 쉽게 구분하는 방법은 사는 장소이다. 갈대는 물가를 좋아하는데 억새는 산 능선이나 비탈에 주로 자란다. 갈대는 습지에서 살기 때문에 바다나 강가에서 보이는 군락은 갈대일 가능성이 높다. 이삭으로도 둘을 구분하기 쉽다. 갈대는 이삭은 붉은색이지만 억새 이삭은 흰 편이다.

늦가을에는 억새와 갈대 군락이 장관을 이루는 곳이 많은데 그 중에서도 강원도 민둥산, 광주 무등산, 전남 순천만, 충남 서천 신성리, 전남 해암 고천암호 등이 한국관광공사가 추천하는 곳이다.

물가를 좋아하며 이삭이 붉은 갈대

산 능선이나 비탈에서 자라며 이삭이 흰 억새

버드나무 꽃 피는 봄을
몇 번이나 헛되이 보냈을까

———

버드나무

분황사에 자라는 수양버들

신라 35대 경덕왕 때 희명(希明)이란 여인의 다섯 살 된 아들이 갑자기 눈이 멀게 되자, 향가를 지어 분황사의 왼쪽 법당에 그려진 천수대비 관세음보살 벽화 앞에서 아이가 노래로 빌게 하였더니 눈을 뜨게 되었다고 전한다. 일연은 다음과 같은 찬시를 썼다.

죽마 타고 파피리 불며 거리에서 놀더니
하루아침에 두 눈을 잃어버렸네.
보살님의 자비로 눈을 찾지 못했다면
버들 꽃피는 봄을 몇 번이나 헛되이 보냈을까

竹馬葱笙戲陌塵
一朝雙碧失瞳人
不因大士迴慈眼
虛度楊花幾社春

이 설화에서 눈먼 아이는 길을 잃고 헤매고 있는 중생을 의미하는 것 같다. 관세음보살에게 의지하면 올바른 길을 갈 수 있는 눈이 트인다는 것을 가르치기 위함으로 보인다. 찬시에 쓰였듯이 예전에는 버들 꽃피는 것을 봄의 상징으로 보았다. 이른 봄 가장 먼저 푸르러지는 나무가 버드나무이기 때문이다.

암수가 다른 나무에서 꽃을 피우는데, 노란 수꽃은 어린 잎 색과 비슷하고, 자주색 암꽃은 어린 가지와 비슷하여 꽃핀 것을 인식하지 못하고 지나치기 쉽다. 그러나 가까이서 보면 수술과 암술이 부풀어 오르는 모습이 청초하여 봄의 전령이라고 부르기에 손색이 없다.

버드나무는 물이 많은 곳을 좋아하여 개울가나 호수 주변에서 흔히 보인다. 물을 정화하는 능력이 탁월하여 우물가에 버드나무를 심어놓은 곳이 많았다. 가지가 부드러워 잘 휘어지기 때문에 아름다운 여인의 모습에 종종 비유되기도 하였다. 정도전은 '버들잎 같은 긴 눈썹, 버들가지 같은 허리'로 미녀를 표현하였다.

줄기가 축 늘어지는 특징이 있는 수양버들은 중국이 원산지인데 수나라의 제2대 황제 양제(煬帝)가 황하와 희수를 잇는 대운하를 건설하고 제방에 수양버들을 심게 하였다고 전해진다. 『삼국사기』에 의하면 백제 무왕 35년(634년), 궁성의 남쪽에 못을 파고 20여 리나 되는 긴 수로를 파서 물을 끌어들이고 물가 주변에 버드나무를 심었다고 한다. 궁남지는 1만여 평이 복원되어 호수와 늪이 조성되었고, 호숫가에 버드나무가 자라 옛 고도의 선인들 목소리가 들리는 듯하다.

우리나라에는 호수가 많다. 전에는 도심지 주변 호수의 수질이 낮았으나 다양한 노력으로 물이 깨끗해지고 있다. 그러나 호수 주변에 버드나무가 심긴 곳이 많지 않다. 물을 정화하는 나무와 수초를 심어 수질을 높이고, 물속 동물들이 잘 살 수 있는 환경을 만들면 더욱 즐겁게 둘레길을 걸을 수 있을 것이며, 지구온난화 속도를 줄이는 데에도 이바지할 것이다.

고려 태조 왕건이 궁예의 부하로 있을 때, 금성(나주)을 지나던 중 목이 말라 우물가에 있는 아가씨에게 물을 청했는데, 그 여인이 물을 담은 바가지에 버드나무 잎을 띄워 주었다. 왕건이 왜 나뭇잎을 띄웠냐고 묻자 급히 마시면 체할 수 있다고 답

궁남지 주변의 버드나무(수양버들).
백제 무왕은 궁남지를 만들고 주변에 버드나무를 심었다고 한다.

했다. 이러한 인연으로 왕비가 되었다는 전설의 여인은 장화왕후로 고려 2대 왕 혜종의 어머니이다. 이와 비슷한 설화가 조선 태조에게도 전한다. 고려 말 이성계 장군은 호랑이 사냥을 나갔다가 목이 말라 우물을 찾았는데, 여인이 바가지에 버드나무 잎을 하나 띄워 건넨 것이 인연이 되어 장군의 부인이 되었다는 전설도 있다. 버드나무 잎 대신 다른 잎을 물에 띄웠다가 탈이라도 났으면 큰 벌을 받았을 것인데, 버드나무 잎을 쓴 것은 매우 현명한 일이다. 버드나무에는 통증을 가라앉히는 효능을 가진 성분이 들어있어, 왕건과 이성계는 물을 마신 후 머리가 맑아지고 근육통도 사라져 물을 건넨 여인이 더 아름답고 현명하게 보였을 것이다.

버드나무에 진통 효과가 있다고 『동의보감』에 기록되어 있으며, 서양에서는 수천 년 전부터 버드나무를 진통제로 사용하였다. 그 외에도 버드나무는 열과 혈압을 내리고 기관지염, 간염, 종기 등 각종 염증 치료에도 쓰이는 등 다양한 질병에 긴요하게 쓰였다. 1899년 독일의 한 제약회사는 버드나무 껍질에서 추출한 '살리실산'이란 물질을 변형시켜 부작용을 감소시킨 진통제 '아스피린'을 만들었다. 아스피린은 합성되어 판매된 최초의 근대적 의약품이다. 이순신 장군이 무과 시험에 응시했을 때, 말에서 떨어져 다리를 다치자 버드나무 가지를 다리에 동여매고 시험을 치렀다는 이야기가 전해진다. 버드나무의 진통제 성분이 다리의 통증을 완화해 시험을 무사히 볼 수 있게 하였을 것이다.

혜통은 정공과 함께 본국으로 돌아와 독룡을 쫓아냈다. 그러자 독룡은 이번에는 정공을 원망하면서 버드나무에 기대어 정공의 집 문밖에 살았다. 정공은 그 사실을 모르고 나무가 무성한 것을 감상하면서 무척 아꼈다. 신문왕이 죽고 효소왕이 자리에 올라 임금의 무덤을 고쳐 짓고 장사 지낼 길을 만드는데 정공의 집 앞 버드나무가 길을 막고 있자 관리가 베어 버리려고 했다. 그러자 정공이 크게 화를 내며 말했다. "차라리 내 머리를 벨지언정 이 나무는 베지 못한다."

還國而黜之 龍又怨恭 乃托之柳
生鄭氏門外 恭不之覺 但賞其葱密 酷愛之 及神文王崩
孝昭卽位 修山陵 除葬路 鄭氏之柳當道 有司欲伐之
恭恚曰 寧斬我頭 莫伐此樹

당나라 공주를 괴롭히던 마귀를 승려 혜통(惠通)이 쫓아내자, 마귀는 못된 용(독룡)이 되어 신라로 와서 많은 사람의 목숨을 해쳤다. 이에 당나라에 사신으로 갔던 정공(鄭恭)이 혜통을 신라로 데려와 마귀 독룡을 다시 몰아냈다. 이를 원망한 마귀가 정공에게 보복하고자 정공의 집 앞에 있는 버드나무와 몰래 살았는데 정공은 그것도 모르고 그 버드나무를 지키고자 하다가 죽게 된다.

이러한 전설 때문인지 옛사람들은 오래된 버드나무에서 귀신이 나온다고 믿어 집안에 버드나무 심기를 꺼렸다. 수양버들의 축 늘어진 가지가 귀신 머리 같아서 그렇게 생각했을 수도 있다. 비 오는 날 밤에 도깨비들이 버드나무 아래서 춤춘다고 했다. 왕버들은 인(燐) 성분이 많아 비 내리는 밤에 빛이 나서 '귀신버들'이라고도 부른다.

버드나무는 여러 종류가 있다. 버드나무는 비교적 곧게 자라며 어린 가지만 조금 늘어지는데, 수양버들과 능수버들은 가지가 길게 축 늘어지며 물가에 주로 자란다. 이에 반해 왕버들은 가지가 늘어지지 않고 잎이 넓으며 오래 자라 정원에 키운다. 따라서 정공이 사랑한 버드나무는 왕버들 가능성이 크다.

월지의 인공섬 중 소도(小島)에 심긴 버드나무

계림의 왕버들. 정공이 사랑한 버드나무는 왕버들일 가능성이 크다.

흰 옷을 입은 여인이
벼를 베고 있었는데

———

벼

서출지 아래 경주평야의 논

이때 연못에서 노인이 나와 편지를 주었는데, 표지에 "열어 보면 두 사람이 죽고 열지 않으면 한 사람이 죽는다."고 쓰여 있었다. 왕이 두 사람 죽는 것보다 한 사람 죽는 것이 낫다고 하면서 열어보지 않으려 하니, 일관(日官)이 두 사람은 서민이고 한 사람은 임금을 뜻하니 열어보아야 한다고 말해, 편지를 열어보았다. 그랬더니 '거문고 집을 쏘아라.'고 척혀 있었다. 왕은 궁으로 돌아와 거문고 집을 활로 쏘니, 내전의 분향 행사를 주관하는 승려와 궁주가 사통하고 있었다. 이에 두 사람은 사형에 처했다. 이 일로 매년 정월 첫째의 돼지날, 쥐날, 말날에 모든 일에 조심하고 함부로 움직이지 않았으며, 정월 보름날을 오기일(烏忌日)로 정해 찰밥(糯飯)을 만들어 까마귀에게 제사지냈다.

時有老翁自池中出奉書 外面題云 開見二人死 不開一人死
使來獻之 王曰 與其二人死 莫若不開 但一人死耳
日官奏云 二人者庶民也 一人者 王也 王然之開見
書中云射琴匣 王入宮見琴匣射之
乃內殿焚修僧與宮主潛通而所奸也 二人伏誅
自爾國俗每正月上亥上子上午等日 忌愼百事 不敢動作
以十五日爲烏忌之日 以糯飯祭之

신라 21대 소지왕(479~500)이 연못에서 나온 노인이 준 편지 덕분에 화를 면하였음으로 연못으로 인도한 까마귀에 찰밥으로 제사를 지내는 풍속이 생겼다고 한다. 보름날 차례를 지내고 찰밥과 나물을 그릇에 담아 마당이나 지붕에 놓는 풍습이 얼마 전까지도 산간에 남아있었다.

노인이 편지를 들고 나온 연못인 서출지(書出池)는 삼국시대 경주 남산동에 인공적으로 조성한 연못으로 벼농사에 필요한 물을 저장해두던 곳이다. 비류왕 27년(330년)에 축조된 것으

경주 남산 동쪽 기슭에 있는 서출지

로 알려진 김제 벽골제(碧骨堤)는 고대 농경문화를 대표하는 농업 관개용 시설로 우리나라에서 가장 오래된 저수지 중 하나이다. 제방의 길이가 3km 이상이며, 둘레가 40km에 이른다. 밀양의 수산제(守山堤)와 제천의 의림지(義林池)와 함께 삼국시대 3대 저수지로 꼽힌다. 크고 작은 저수지가 삼국시대에 여러 곳에 조성된 것을 보면 그 시대에 벼농사가 이미 토착되었음을 짐작할 수 있다. 황해도 고구려 고분 벽화에 시루에 밥을 짓는 그림이 있는 것으로 미루어 쌀밥이 당시 귀족의 주식이었던 것으로 보인다.

벼 재배는 약 7,000~10,000년 전 동남아시아에 시작된 것으로 알려졌었다. 한반도에서 벼농사를 시작한 것은 기원전 5세기에서 기원전 20세기까지 다양한 주장이 있었으나, 1991년 경기도 일대에서 기원전 2,100~2,300년경의 볍씨가 발견되어 적어도 4,000년 전부터 벼를 재배한 것으로 추정했다. 그런데 1998년 충청북도 옥산면 소로리에서 13,000~16,000년 전의 볍씨가 발견됨으로써 『현대 고고학의 이해(Archaeology)』에서 쌀의 기원지를 한국으로, 그리고 벼 재배 시작 연대를 13,000년 전으로 개정하여 출간하였다. 우리나라가 벼농사의 종주국이란 자부심을 가질 만하다.

쌀은 세계 인구의 반 이상이 주식으로 하는 주요 작물로 쌀 생산은 매우 중요한 국가과제 중 하나였다. 우리나라는 설날

아침에 떡국을 먹었으며 차례상에도 올렸다. 정월대보름에는 쌀에 조, 수수, 보리, 콩, 팥 등을 섞어 지은 오곡밥과 찹쌀에 대추, 밤, 잣과 꿀을 섞어 찐 약밥을 먹었다. 봄에는 찹쌀가루 반죽에 꽃을 놓고 지진 화전을 만들었으며, 단오에는 쌀가루에 쑥을 넣어 떡을 만들었다. 한가위에는 햅쌀로 술을 빚어 제사 지내는데 쓰였으며 10월 하순에는 팥시루떡을 쪄서 고사 지냈다. 이렇게 쌀은 경사스러운 날에 먹은 귀한 음식이었다.

조선시대에도 벼농사가 국가의 부흥에 중요한 역할을 하여 왕궁 안에 논을 만들어 놓고 성종 때부터 임금이 직접 모내기를 하고 벼를 베는 의식을 했다고 『조선왕조실록』에 전한다.

조선 후기에 창덕궁을 그려놓은 동궐도에는 제법 큰 논과

330년에 축조된 것으로 알려진 김제 벽골제의 수문

여러 채의 집이 논 근처에 있는데, 조선 말기에 그곳에 연못을 만들고 논을 후원 뒤편으로 이전하여 규모가 매우 작아졌다. 국가 경제가 벼농사에 의존하는 비중이 작아진 것을 반영한 듯하다. 자그마한 논 옆에는 초가지붕을 얹은 청의정(淸漪亭)이란 정자가 있는데 동궐도에 그려진 정자와 유사한 것으로 보아 원래의 위치에서 옮겨온 것으로 보인다. 2008년부터 벼농사 의식을 되살려 해마다 이곳에서 벼를 심고 수확하는 행사를 한다.

경덕왕 23년(764년) 장육존상에 금칠을 다시 했는데 조(租) 23,700석의 비용이 들었다.

景德王 卽位二十三年 丈六改金 租二萬三千七百碩

통일신라시대에 금속화폐를 사용하였다는 기록은 없다. 금속화폐는 고려 초기(996년)에 제작된 건원중보(乾元重寶)가 처음이다. 그러나 화폐가 농업을 천시하고 인간의 탐욕을 부추긴다는 등의 이유로 고려시대 전반에 걸쳐 화폐사용이 활성화되지 못하였다. 신라에서는 곡식이나 비단, 금 등을 무게를 달아 화폐로 사용하였다.

『삼국사기』에 의하면 김유신 장군이 숨졌을 때 장례식 비용으로 비단 1,000필과 조(租) 2,000석을 국가에서 보탰다고 한다. 여기서 조는 조세(租稅)를 의미하며 주 대상이 쌀이었으니 조가 벼의 뜻으로 쓰였음을 알 수 있다. 우리나라에서 시장경제가 어느 정도 발달하기 시작한 18세기에 들어서야 금속화폐가 본격적으로 유통되기 시작하였다.

백제 2대 다루왕은 서기 30년 말갈과 싸워 크게 승리한 장수에게 벼 500석을 상으로 주었고, 신라 문무왕은 고구려를 멸망시키는데 큰 공을 세운 장수들에게 벼 1,000석씩을 주었다고 『삼국사기』에 전한다.

김유신 장군 묘.
장군의 장례식 비용으로 비단 1,000필과 벼 2,000석을 국가에서 보탰다.

원효법사가 뒤이어 이곳에 와서 예를 올리려고 했다. 처음에 남쪽 교외 논 가운데 흰 옷을 입은 여인이 벼를 베고 있었다. 법사가 장난삼아 그 벼를 달라고 청하자, 여인은 벼가 잘 영글지 않았다고 농담으로 대답했다.

有元曉法師 繼踵而來 欲求瞻禮
初至於南郊水田中 有一白衣女人刈稻
師戲請其禾 女以稻荒戲答之

　　원효대사가 낙산사를 찾아가는 길에 논에서 벼를 베고 있는 여인을 만나 벼를 달라고 했다가 거절당했는데 나중에 알고 보니 그분이 관음보살이었다. 앞서 의상대사가 예의를 갖추고 기도를 드려 보살을 접견하는 것과는 사뭇 다르다. 지식층에게 불교를 설법한 의상대사가 잘 설계된 방법으로 보살을 만나게 되는 것과는 달리 일반 서민을 위한 불교전파에 힘썼던 원효대사는 관음보살을 보고도 알아보지 못하고 말실수를 한다. 이는 대부분의 사람들이 중요한 순간을 지나치고는 나중에 알고 후회하는 것과 같이 원효대사도 실수를 하는 보편적인 사람이라는 것을 부각시키려는 의도로 보인다.

　　원효대사는 의상대사와 당나라 유학을 가던 도중 잠결에 물을 마셨는데 나중에 일어나서 보니 해골바가지에 담긴 썩은

물을 마신 것을 알고 깨달음을 얻어 유학을 포기하고 의상대사만 중국으로 갔다는 일화가 전해진다. 이 일화나 낙산사에 가는 길에 논에서 생긴 일 등이 실제로 일어나지 않은 설화일 수도 있으나 대중적인 원효대사의 인간됨을 부각하기에 충분하다.

의상대사가 관음보살로부터 곧고 늘 푸른 대나무를 통해 계시를 받은 것과는 상대적으로 원효대사는 보다 보편적이고 실용적인 벼를 통해 관음보살로부터 깨달음을 얻는다. 벼는 꽃이 핀 후 한 달이나 지나야 이삭이 차고, 수확을 늦추면 그만

원효대사가 관음보살을 접견한 장소로 추정되는 주청리의 논

큼 열매가 더 여문다. 깨달음의 경지에 도달한다는 것은 마치 벼의 열매가 익으면 이삭이 아래로 굽어지는 것과 같음을 비유함이다. 보살이 대사에게 벼를 주지 않은 것은 아직 성숙하지 않은 원효대사를 가르치려는 것이었다.

원효대사가 관음보살을 만났을 것으로 추정되는 논의 일부가 낙산사 남쪽의 주청리에 남아있다. 동해안 바닷가에는 벼농사를 짓는 곳은 많지 않다. 백두대간 동쪽과 해안 사이에 평야가 적기 때문이다. 또한 바닷바람의 영향 및 기온 등으로 인해 내륙에서 심는 벼들이 잘 자라지 못한다. 따라서 이곳에서는 바닷바람 등 재해에 강한 벼 품종을 개발하여 재배하고 있다.

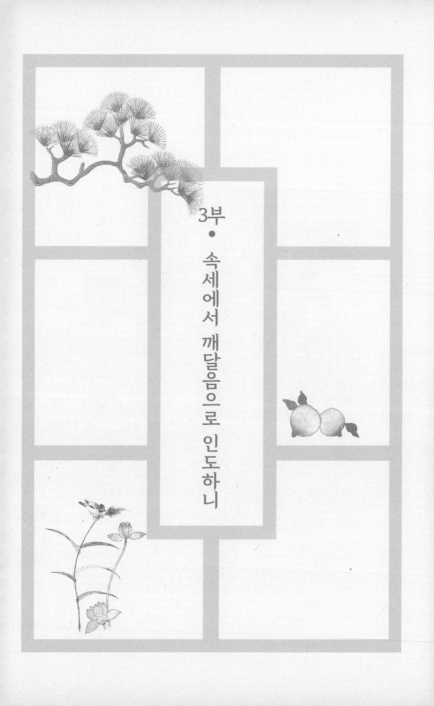

3부
•
속세에서 깨달음으로 인도하니

두 승려는 나뭇잎을 엮어
옷을 만들어 입었는데

—

피나무, 갈나무

속리산 법주사 대웅보전 앞의 피나무

槃은 음이 반인데 우리말로 피나무라고 하고, 櫼은 음이 첩인데 우리말로 갈나무라고 한다. 이 두 승려는 오랫동안 바위 사이에 숨어 살며, 인간 세상과 사귀지 않고 나뭇잎을 엮어 옷을 만들어 입었는데 추위와 더위를 겪어내고 습기를 피하며 몸을 가릴 뿐이었다. 그래서 나무 이름으로 호를 지은 것이다.

槃音般 鄕云雨木 櫼音牒 鄕云加乙木
此二師久隱嵓叢 下交人世 皆編木葉爲衣
以度寒暑 掩濕遮羞而已 因以爲號

신라시대에 나무 이름으로 호를 짓고 나뭇잎으로 옷을 만들어 입은 반사(槃師)와 첩사(櫼師)란 성인이 세상을 멀리하고 포산에서 살았다고 한다. 포산은 대구 남쪽에 있는 높이 1,084m의 비슬산으로 도선사, 인흥사, 용천사 등 많은 사찰이 있었다. 일연은 22년의 청년 시절과 13년의 노년 시기를 포산의 여러 절에서 지냈는데, 이때 전해들은 성인들의 이야기를 정리해서 삼국유사에 기록했던 것으로 보인다. 이 시기는 몽골의 침입으로 고려가 크게 유린당하고 있어 산속으로 전란을 피해 지내던 사람이 많았다. 포산에서 은둔생활을 한 옛 스님들의 아름다운 행적을 기록하고 알림으로써 자연과 하나 되는 물아일

체의 행적을 찬양했다.

두 스님이 호로 사용한 피나무와 갈나무는 당시 산에서 흔히 자라는 나무였을 것이다. 피나무는 한자 '皮'에서 유래된 것으로 나무의 줄기 껍질을 섬유로 사용하여 천이나 노끈, 바구니 등을 만드는 데 사용하였음으로 피목(皮木)이라 불렀다. 피나무 목재는 결이 치밀하고 무른 성질이 있어 예로부터 다양한 생활 가구나 기구를 만드는 데 쓰였다. 대동여지도 목판도 피나무로 제작되었다.

피나무를 보리수라고도 부르는데 잎의 모양이 부처님이 수도했던 인도보리수의 잎과 비슷한 하트 모양이기 때문이다. 그래서 오래된 사찰에 가면 피나무를 만날 수 있다. 열대성 식물인 인도보리수가 우리나라에서 살 수 없으므로 잎 모양이 비슷한 피나무를 예로부터 스님들이 심었다. 또한, 피나무 열매의 씨는 둥글고 단단하여 염주를 만드는 데 사용했다. 김제 금산사에 오래된 피나무 두 그루가 미륵전과 범종각 사이에 자란다. 속리산 법주사 대웅보전 앞에도 오래된 피나무 두 그루가 있다. 미륵신앙에서 용화수(龍華樹)라는 나무가 나오는데 '보리수'라고도 한다. 대웅보전 앞의 피나무는 용화수라고 할 수 있다.

피나무의 특징 중 하나는 꽃자루에 달린 독특한 생김새의 잎이다. 이 잎을 포라고 하는데 꽃이 지고 열매가 익을 때까지 달려있다가 열매가 떨어질 때 빙빙 돌면서 멀리 날아가게 한다.

이른 여름에 꽃피는데, 향기가 좋고 꿀이 많아 벌들이 모여들어 서양에서는 '비트리(bee tree)'라고도 불린다. 유럽에서는 가로수나 공원수로 많이 심는데 우리나라에서는 예로부터 사찰에 주로 심었다. 이렇게 쓰임새가 많은 식물이 우리나라 공원이나 가로수로는 잘 보이지 않는데 그 이유 중 하나는 피나무 종자가 잘 발아하지 않고 삽목도 잘되지 않기 때문이다.

옛날에는 아름드리 피나무가 전국에 분포하였다고 하는데 대부분의 피나무는 산림에서 사라져 오래된 피나무를 만나기 어렵다. 북한 자강도 오가산에는 600년 된 피나무가 천연기념물로 보호받고 있다.

향기가 좋고 꽃꿀이 많아 벌들이 모여드는 찰피나무 꽃

첩사(檝師)는 갈나무로 호를 지었는데 갈나무는 참나무 종류로 보인다. 산에 흔히 자라는 나무 중 떡갈나무 이름에 '갈나무'가 들어가는데 떡갈나무가 최초로 나타나는 16세기 문헌에는 '덥갈나모'이며 이는 '덥갈'과 '나모'의 합성어로 풀이할 수 있다. 여기서 '덥갈'의 의미는 분명치 않으나 덮개란 뜻으로 추정하기도 한다. '나모'는 '나무'로 18세기에 바뀐다. 잎이 넓어 덮개로 사용한 데서 이름이 유래되었다는 견해가 있다.

떡갈나무 외에도 신갈나무가 산에서 흔히 자란다. 따라서 이 이름의 공통인 '갈나무'가 이들을 통틀어 의미할 수도 있다. 이 두 나무는 참나무의 일종으로 졸참나무, 굴참나무, 갈참나무, 상수리나무 등이 신갈나무와 떡갈나무와 함께 우리나라 산의 주된 식물이다. 상수리나무를 '물갈나무'라고도 부르는 것은 갈나무가 참나무를 의미하는 것으로 풀이할 수 있다.

갈나무를 감나무로 해석한 경우도 있다. '감'을 예전에는 '갈'로 부르던 것이 '가암'으로 변한 후 '감'으로 변해왔다. 제주도에서는 감으로 물들인 옷을 갈옷이라고 하는데, 이는 '감'의 옛말 '갈'이 제주도 방언에 남아있음을 의미한다. 그런데 감은 우리 토종 식물이 아니다. 중국 양쯔강 유역이 원산지로 알려진 감나무가 언제 한반도에 들어왔는지는 확실하지 않으나, 고려 말에 감나무와 접을 붙이는 고욤나무에 대한 기록이 있고 조선 초기에 감을 재배했다고 한다. 자연에 은둔하여 살던 성인이 사

짚신 바닥에 잎을 깔창처럼 깔아 썼다고 하는 신갈나무

용한 이름이니 산에서 흔히 자라는 신갈나무나 떡갈나무가 더
합당해 보인다.

참나무는 모두 도토리를 맺는 특징이 있어 도토리나무라고
도 불린다. 임진왜란 때 의주로 피난을 간 왕실이 제대로 먹을
만한 음식이 없게 되자 도토리묵을 임금님 수라상에 올렸는데
그 이후로 도토리나무를 상수리나무라고도 불렀다. 야산에 주
로 보이는 참나무는 상수리나무와 굴참나무이며, 물기가 많은
계곡에서는 졸참나무와 갈참나무가 잘 자라고, 산 능선 및 높
은 산지에는 대부분 신갈나무가 산다.

참나무는 질 좋은 목재나 가구 재료로 사용하며, 참숯을 만드는 데에도 쓰인다. 『삼국사기』에 의하면 신라 49대 헌강왕은 망원루에 올라 시내를 내려다보며 "내가 듣건대 지금 민간에서는 기와로 지붕을 덮고 숯으로 밥을 짓는다는데 과연 그런가?" 하고 신하들에게 물었다고 한다. 신라 후기에는 숯이 일반인의 연료로 쓰였을 정도로 수요가 많았던 것 같다.

굴참나무는 줄기에 코르크층이 잘 발달하며 골이 깊게 지는데 줄기 껍질을 벗겨 지붕을 짓는 데 쓰였다. 짚이나 갈대로 지붕을 하면 매해 새 지붕을 만드는 불편함이 있는데 나무껍질로 지붕을 하면 10~20년의 수명이 있어서 자주 수리를 하지 않아도 되었다. 굴참나무 수피를 벗겨서 지붕을 이은 집을 '굴피집'이라고 하며, 소나무나 전나무 줄기를 도끼로 쪼개서 널빤지를 만들어 덮은 집을 '너와집'이라고 한다. 산간지방에 주로 있던 굴피집과 너와집은 거의 다 없어지고 삼척에 민속유물로 일부 남아있다. 최근 삼척시에 너와집과 굴피집이 복원된 '너와마을'이 조성되어 사라져가던 옛 모습을 볼 수 있다.

떡갈나무는 참나무 중 잎이 가장 크고 두꺼우며 길이가 10~40cm 정도로 자란다. 떡을 만들 때 잎을 시루 밑에 깔아놓는 데 쓰여서 떡갈나무란 이름이 붙었다고 하며, 또는 어린잎으로 떡을 싸 먹는다고 하여 이름이 붙여졌다고도 한다. 떡갈나무 잎에 떡을 싸면 찰지고 여름에도 잘 쉬지 않는다.

신갈나무는 짚신 바닥에 잎을 깔창처럼 깔아 썼다고 하여 신갈나무로 불렸다고 한다. 신갈나무는 높은 곳으로 올라갈수록 많아져, 특히 중부지방의 산등성이 대부분 신갈나무로 덮인 산이 많다. 산 아래에서는 20m 이상으로 자라는 신갈나무가 능선 부근에서는 사람 키 정도로 작아지는 것을 보면 식물이 환경에 어떻게 적응하는지를 배울 수 있다.

갈참나무는 황갈색 잎이 가을 늦게까지 달려있어 '가을참나무'라고 부르던 것이 '갈참나무'가 되었다고 한다. 전국에 널리 분포하는데 천연기념물로 보호되는 갈참나무가 경북 영주시 단산면에 있다. 나이가 300년 정도로 추정되는데 매년 정월 대

삼척 대이리에 복원된 굴피집

보름에 이 나무 아래에 모여 마을의 평화와 풍년을 비는 제사를 올리고 있다.

졸참나무는 참나무 중 잎과 열매가 제일 작다. 졸참나무 도토리를 '재롱이' 또는 '재로리'라 부르는데, 가루가 많이 나고 묵으로 만들면 찰기가 많고 맛이 부드럽다. '동갈'이라 불리는 갈참나무 열매도 작지만, 졸참나무처럼 녹말이 많고 맛이 좋다. 신갈나무와 떡갈나무의 열매를 '물암'이라고 하고, 상수리나무의 열매를 '상수리', 굴참나무의 열매를 '굴참'으로 부르는데, 졸참나무나 갈참나무보다 크지만, 묵의 색깔이 검고 찰기가적으며 부드럽지가 않다고 하니, 도토리는 작은 것일수록 실속이 있는 것 같다.

부들자리 깔고 누워 잠이 드니
세상에 얽매이지 않아

———

부들, 둥굴레

방석, 돗자리, 짚신, 삿갓 등을 만드는 데 쓰였던 부들

자색 띠풀과 황정(黃精)으로 배를 채우고

입은 옷은 나뭇잎이지 베가 아니더라

솔바람이 차갑게 부는 험한 바위산

해 저문 숲 아래로 나무꾼이 돌아오네

깊은 밤 밝은 달 아래에 앉아 있으니

반쯤 젖힌 옷깃이 바람에 나부낀다

부들(蒲)자리 깔고 누워 잠이 드니

꿈에도 혼이 티끌 같은 세상에 얽매이지 않는다

구름은 무심코 떠가는데 두 암자의 터에는

산사슴만 제멋대로 뛰놀고 인적은 드물다

紫茅黃精끝肚皮

蔽衣木葉非蠶機

寒松颼颼石犖矹

日暮林下樵蘇歸

夜深披向月明坐

一半颯颯隨風飛

敗蒲橫臥於憨眼

夢魂不到紅塵羈

雲遊逝兮二庵墟

山鹿恣登人跡稀

위의 찬시는 반사와 첩사 두 승려를 기리는 글이다. 이들은 띠와 황정 같은 풀과 뿌리로 끼니를 채우고 살았다고 기록한다. 꽃피기 전 풀잎에 싸여있는 띠의 어린 이삭을 '삘기' 또는 '삐비'라고 한다. 은백색의 삘기는 맛이 은은하고 연하여 군것질이 없었던 예전에는 좋은 주전부리였다. 정월 보름날 쥐불놀이를 하며 태운 논둑에서 삘기는 봄철에 다른 풀보다 먼저 이삭이 올라와 눈에 쉽게 뜨인다. 뿌리도 달착지근한 맛이 나서 먹을 것이 없던 옛 시절에는 가난한 사람에게 먹거리가 되곤 했다.

황정은 둥굴레의 뿌리를 뜻한다. 둥굴레는 산지의 그늘진 곳에 무리 지어 자라는데 굵은 뿌리를 식용하거나 약재로 쓴

둥굴레. 뿌리를 가난한 사람들이 끼니로 먹었다.

다. 용둥굴레, 퉁둥굴레 등 여러 종류의 둥굴레가 있으며 외국에서 수입한 둥굴레도 있어 크기와 모양이 다양하다.

스님들이 깔고 잔 자리를 만드는 데 쓰인 부들은 연못이나 늪지에 자라는 수생식물로 물이 깊지 않은 곳에서 자라기 때문에 뿌리와 줄기 아랫부분만 물에 잠긴다. 이른 봄 땅에서 솟아오른 부들 순은 대나무 순과 비슷하여 먹기도 한다. 줄기는 가지를 치지 않고 높이 1~1.5m 정도로 곧추 자란 후 한여름에 소시지처럼 생긴 꽃이삭이 줄기 끝에 달린다. 위쪽에는 갈색의 수꽃이삭, 그리고 아래쪽은 초록색의 암꽃이삭이 꽃핀다. 꽃가루가 잘 날리도록 부들부들 떤다고 해서 이름이 붙었다고도 하며, 잎이 부드럽고 바람에 잘 흔들리어 붙은 이름이라고도 한다. 암꽃이삭은 성숙하면 흐트러져 솜같이 되는데, 옛날에는 이것을 둘둘 뭉쳐 솜 대용으로 사용하거나 횃불로 쓰기도 했다.

부들 잎은 폭이 0.5~1cm이며 길이는 1m 이상 길게 자라 방석이나 돗자리, 짚신 등을 만드는 데 쓰였다. 왕골이나 갈대로 만든 것보다 부드럽고 폭신하여 부들자리를 깔고 누우면 티끌 같은 세상을 잊을 만하다. 부들 잎으로 만든 삿갓을 '늘삿갓'이라고 하며 갈대로 만든 '길삿갓'과 구분해서 불렀다. 요즘은 부들로 만든 공예품을 만나기 어려우나 강원도 일부 농가에서 부들로 만든 자리를 제작하여 판매하고 있다. 부들은 관상용이나 수질 정화용으로 하천에 심기도 한다.

남쪽 고개로 올라
향나무를 태워 천신에게 공양을

―――

향나무

원효가 창건했다는 이야기가 전해지는 여주 신륵사의 향나무

대성은 잠자리에서 일어나 급히 남쪽 고개로 올라가 향나무를 태워 천신에게 공양을 올렸다. 그러므로 그 땅을 향고개라 한다. 불국사의 구름다리와 석탑은 그 나무와 돌에 새긴 노력이 동도의 여러 사찰 중 어느 것보다 뛰어나다.

城方枕起 走跋南嶺爇香木 以供天神 故名其地爲香嶺
其佛國寺雲梯石塔 彫鏤石木之功 東都諸刹未有加也

김대성이 석불을 조각하다가 갑자기 돌이 셋으로 깨져 분통해 하다가 잠이 들었는데 천신이 내려와 조각을 완성하고 갔다고 한다. 잠에서 깬 김대성은 향나무를 태워 감사의 뜻을 표했다. 불국사의 조각이 사람의 손에 의해 만들어졌다고 믿기 어려울 정도로 아름다움을 극찬한 것이다.

향나무는 나쁜 기운을 물리친다고 예로부터 믿었기 때문에 제사에 쓰이며 묘지 주변에도 심는다. 자생하는 향나무는 주로 섬에서 사는데 울릉도 도동 절벽에 약 2,000년 된 향나무가 산다. 내륙에서는 향나무가 조경수로 흔히 심는데 창덕궁 돈화문 근처에 750여 년 된 향나무가 있다. 순천 송광사에 나란히 자라는 두 그루의 향나무는 800년 전 보조(普照)국사와 담당(湛堂)국사가 심었다고 전하는데 이 나무에 손을 대면 극락에 갈 수 있다는 전설이 전해진다.

불국사 향나무. 김대성이 조각하던 석불을 천신이 완성해서
향나무를 태워 감사의 뜻을 표했다.

향나무는 추위에 약해 중부 이남에 주로 살았지만 남획 등
으로 대부분 없어지고 울릉도 등 일부 지역에만 군락을 이루며
산다. 높은 산에서 줄기가 비스듬히 누우며 자라는 향나무를
눈향나무라고 하고, 섬이나 해안가에서 줄기가 땅을 기며 자라
는 향나무를 섬향나무라고 한다. 1930년경에 미국에서 도입된
연필향나무는 연필이나 화장품 재료로 쓰인다. 근래에는 가이
즈카향나무와 옥향나무가 도입되어 정원용으로 주로 심으면서

우리나라 고유의 향나무가 귀해지고 있다.

침단목은 인도, 태국, 베트남 등 열대 지방이 원산지인 향나무로 향기가 좋아 불교용품을 만드는 데 쓰인다. 침단목은 '침향나무'라고도 하는데, 나무에 상처가 나거나 내부적인 요인 등으로 목질부에 쌓인 나뭇진을 태우면 그윽한 향기가 나며 뛰어난 약효를 가진 것으로 알려져 옛사람들은 귀하게 여겼다. 『삼국사기』에 의하면 '진골이 수레를 만드는데 침단목을 쓰지 못한다.'라고 하였을 정도로 침향나무가 사치품 제작에 쓰였던 것으로 보인다.

『삼국유사』에서는 침단목이 승려 진표에 관한 이야기에서 나온다. 미륵보살은 진표에게 189개의 간자(簡字: 점치는 대쪽)를 주며 '이 가운데 제8간자는 새로 얻은 묘계를 말하고, 제9간자는 구계를 더 얻은 것을 말한다. 이 두 간자는 나의 손가락뼈이며, 나머지는 모두 침단목으로 만들었는데, 여러 번뇌를 이르는 것이다. 너는 이것으로 세상에 불법을 전하여 다른 사람을 구제하는 뗏목으로 삼아라.'라고 말했다. 미륵보살의 가르침에 따라 진표는 금산사에 가서 불교의 가르침을 널리 알리니, 경덕왕이 그 말을 듣고 궁궐로 초청하여 곡식과 비단을 시주하였다고 한다. 침단목은 경덕왕이 당 황제에게 보내기 위해 1만 구의 작은 불상을 조각하여 모신 만불산을 만드는 데도 쓰였다.

이때 현풍에 사는 신도 20여 명이 해마다 모여서 향나무를 주워 절에 바쳤다. 그들은 늘 산에 들어가 향나무를 거두어들여 쪼갠 다음 씻어서 발 위에 펼쳐 두었는데, 그 나무는 밤이 되면 촛불처럼 빛났다. 그래서 고을 사람들이 그 향나무에 시주하고 빛을 얻은 해(歲)를 축하했다.

時玄風信士二十餘人歲結社 拾香木納寺
每入山採香 劈析淘洗 攤置箔上 其木至夜放光如燭
由是郡人項施其香徒 以得光之歲爲賀

관기와 도성이란 두 승려가 포산에서 숨어 살았다. 관기는 암자를 짓고 살았고 도성은 10리쯤 북쪽 굴에서 지내며 수도에 정진하였다. 둘은 매일 서로 오가며 깨달음의 길로 가는 동반자로 여러 해를 지냈는데 어느 날 도성은 높은 바위 위에서 조용히 수행하다가 몸이 공중으로 올라갔으며 관기도 그 뒤를 따라 죽었다고 한다. 후세 사람들이 도성이 지내던 굴 아래에 절을 세우고 도성암이라고 불렀다.

도성암 아래에 사는 신도들이 향나무를 모아 절에 바쳤는데 밤에 빛났다고 기록하고 있다. 인 성분이 많은 오래된 나무를 쪼개서 물로 씻어 놓으면 인의 산화가 일어나면서 밤에 빛이 난다.

신라 19대 눌지왕(417~458) 때 양나라에서 사신을 통해 향

천연기념물로 지정된 수령 약 750년의 창덕궁 향나무

덕수궁 눈향나무. 원줄기가 비스듬히 자라거나 땅바닥을 긴다.

을 보내왔다. 향의 이름과 사용법을 알지 못해 두루 물었는데 숨어서 살던 고구려 승려 묵호자가 "이것은 향이라는 것입니다. 태우면 향기가 아름답게 나는데 그것이 신성한 곳까지 미칩니다. 신성한 것 가운데 삼보(三寶)보다 나은 것이 없으니 만약 이것을 태우면서 원하는 바를 빌면 반드시 영험이 있을 것입니다."라고 하고 사라졌다고 한다.

향나무는 향이 좋고 생나무라도 잘 타기 때문에 속살을 잘게 쪼개서 향으로 썼다. 그러나 시중에 판매되는 대부분의 연향(練香)은 수입 향나무에 점화 성분을 섞어서 만든 탓에 향이 좋지 않고 두통을 일으키기도 한다. 수분과 염분이 많은 곳에 수년간 향나무를 묻어 두었다가 건조시키면 향 중 으뜸으로 꼽는 침향(沈香)이 된다. 향나무는 향이 좋고 살충·살균 효과가 높아 궁궐이나 저택을 짓는 데 쓰였으며 가구나 조각품을 만들기도 한다. 신라 경순왕이 나라가 쇠약해지자 고려에 항복하고 경주를 떠날 때 향나무 수레가 30여 리에 달했다고 한다.

궁중의 회화나무가
곡을 하듯 울었고

회화나무

창덕궁 돈화문 안마당의 회화나무.
가정을 번창시킨다고 믿어 궁궐, 서원, 양반집 뜰에 심었다.

4월에는 태자궁의 암탉이 작은 참새와 교미하였다. 5월에는 사비(부여의 강 이름) 언덕에 큰 물고기가 나와 죽었는데, 길이가 세 길이나 되고 그것을 먹은 사람은 모두 죽었다. 9월에는 궁중의 회화나무가 마치 사람이 곡을 하듯 울었고, 밤에는 궁궐 남쪽 길에서 귀신이 울었다.

四月 太子宮雌雞與小雀交婚
五月 泗<泚>[扶餘江名]岸大魚出死 長三丈 人食之者皆死
九月 宮中槐樹鳴如人哭 夜鬼哭宮南路上

백제가 멸망하기 1년 전(659년) 수도 부여에서 여러 가지 기이한 일이 일어났으며 회화나무가 사람처럼 울었다고 한다. 회화나무는『삼국유사』외에도 귀신과 연루된 이야기가 많은데 한 예로 전우치가 등장하는 이기(1522~1600)의『송와잡설』에서 회화나무 신이 등장한다. 이에 앞서 이륙(1438~1498)이 엮은『청파극담』에서 곤경에 처한 사람을 한 장부가 구하고 회화나무 아래로 사라졌는데 그 장부가 회화나무에 의탁하여 화신(化身)한 귀신이었는가 하고 기술한다. '槐'자가 나무(木)와 귀신(鬼)의 합자여서 회화(槐)나무를 귀신과 연관 지은 것으로 추정된다. 회화나무는 봄철에 잎이 매우 늦게 나오는데 줄기가 검고 잎이 나오기 전의 나무 모습이 어수선하여 귀신과 연관시켰을 수도 있다.

회화나무는 아까시나무 꽃처럼 여러 개의 꽃이 모여서 피는데, 아까시나무는 봄에 흰 꽃을, 회화나무는 연노란색 꽃을 7~8월에 피운다. 공해에 강하기 때문에 가로수로 심은 곳이 많다. 미세먼지로 악명이 높은 베이징에서 회화나무 가로수를 흔하게 볼 수 있다.

예로부터 회화나무는 출세에 도움을 주어 선비나무라고도 불렸으며 가정을 번창시킨다고 믿었다. 오래된 절간이나 궁궐, 서원, 양반집 뜰에서 오래된 회화나무들을 볼 수 있고 그중에는 천연기념물로 지정된 것도 있다. 창덕궁 돈화문 안마당에는 수령이 300~400년 정도 되는 여덟 그루의 회화나무가 있는데, 그중 세 그루가 돈화문 옆에 나란히 심겨있다. 중국 주나라 때 회화나무 세 그루를 심어놓고 정승 세 명을 세웠다는 고사에서 유래되어 회화나무를 집 출입문에 세 그루씩 심곤 하였다. 경주의 계림 입구에 여러 그루의 회화나무 고목이 있는데 가장 오래된 것의 수령은 약 1,300년으로 추정된다고 하니 그 추정이 맞는다면 통일신라시대에 심긴 나무이다. 최근 들어서도 회화나무를 교정에 심은 학교들이 있으며, 교목으로 지정한 초·중·고등학교도 여럿 된다.

회화나무는 중국이 원산지로 오래전에 한반도로 넘어왔다. 백제 다루왕 21년(48년) '왕궁 뜰에 있는 큰 회화나무가 말라 죽고 다음 달에 신하 흘우가 죽었다.'라는 기록이 『삼국사기』

경주 계림의 회화나무. 그중 가장 오래된 나무는 통일신라시대에 심었다고 한다.

회화나무 꽃. 꽃봉오리로 황색 염료를 만들기도 한다.

에 전하는 것으로 보아 오래전부터 회화나무를 궁에 심었던 것으로 보인다. 중국에서도 이 나무를 길상목으로 귀하게 여기며 과거에 급제하거나 관직에서 퇴직하면 이를 기념수로 심었다고 한다.

회화나무 꽃은 고혈압에 쓰이고 잎과 열매, 나무껍질 등도 약용한다. 꽃에는 루핀이라는 황색 색소가 들어있어 천이나 종이를 염색하는 데 쓰였으며, 술 등의 음식물에 색을 넣는 데도 사용하였다. 염주를 꿰놓은 듯한 열매가 가을에 달리는데 여성 갱년기 증상을 완화해 주는 성분 등 다양한 약리 활성 물질이 들어있다.

재상은 한 꿈속에서 내세와
현세를 오갔네

―――

느티나무, 원추리

느티나무의 새로 나온 잎과 꽃

김대성은 모량리 가난한 집에서 태어났다. 부잣집에서 품팔이하였는데 그 집에서 몇 이랑의 밭을 주어 끼니를 해결하며 어렵게 살았다. 이때 흥륜사에서 승려가 내려와 부잣집에서 시주를 받았는데, 대성도 어머니와 논의 후 가지고 있는 밭을 시주하였다. 얼마 후 대성이 죽고 재상집의 아들로 다시 태어났다. 대성은 이생의 부모를 위해 불국사를 세우고 전생의 부모를 위해 석굴암을 지어 부모의 노고에 보답하였다고 한다. 일연은 대성의 삶을 아래와 같은 찬사의 글로 남겼다.

모량 마을에 봄이 지나 세 이랑의 밭을 시주하니
향고개에 가을이 되어 만금을 거두었네
어머니(萱室)는 한평생에 가난과 부귀를 맛보았고
재상(槐庭)은 한 꿈속에서 내세와 현세를 오갔네

牟梁春後施三畝
香嶺秋來獲萬金
萱室百年貧富貴
槐庭一夢去來今

이 찬시에서 대성의 삶을 괴정(槐庭)이 꾼 꿈으로 표시했다. 앞서 백제가 멸망하기 전에 울거나 귀신이 출몰했다는 괴수(槐樹)를 회화나무로 풀이하였는데, 여기의 괴정은 위대한 업적을 이룬 김대성의 찬란한 삶을 의미하므로 느티나무가 자라는 정원으로 해석하는 것이 합당해 보인다. 한자 사전에 '槐'는 회화나무와 느티나무를 모두 뜻하여 상황에 따라 달리 해석한다.

예전에는 마을마다 커다란 정자나무가 있어, 그 아래 동네 사람들이 모여 더위를 식히고 이야기를 나누는 마을회관 역할을 했다. 정자나무로 심긴 나무는 지역에 따라 다르나 제주도와 남쪽의 따뜻한 지역을 제외한 대부분의 곳에는 느티나무가 가장 많다. 느티나무는 가지가 골고루 옆으로 퍼지며 자라 한두 그루만 심어놓아도 넓은 공간에 그림자를 드리우며 시원한 공간을 만들어 준다. 나무가 크게 자라기 때문에 집 근처에 심으면 굵게 자라는 뿌리에 의해 집이 상할 수 있지만, 공원이나 학교 등 넓은 공간이 있는 곳에는 느티나무가 잘 어울린다. 봄에 잎이 나올 때 암꽃과 수꽃이 따로 어린 가지 끝에 달리는데 꽃이 작아서 눈에 잘 띄지는 않으나, 나무를 덮은 연초록색 꽃은 봄이 옴을 알리기에 부족하지 않다. 한여름 동안 시원한 그림자를 드리우던 잎이 가을이 되면 곱게 단풍이 들어 지나는 사람의 마음을 풍요롭게 한다.

느티나무는 오랫동안 살기 때문에 줄기가 굵고 치밀하여

큰 건물을 짓는 데 기둥으로 쓰였다. 고려 말 1376년에 지은 무량수전의 16개 기둥이 모두 느티나무이며, 오래된 사찰 건물 기둥도 느티나무인 경우가 많다. 목재의 결이 곱고 단단해서 고급 가구와 식기를 만드는 데 쓰였으며, 불상이나 악기를 제작하는 데에도 쓰였다. 천마총이나 가야고분에서 출토된 관이 느티나무였다는 것은 당시 사람들이 느티나무를 가장 좋은 목재로 사용했음을 말해준다.

두 번의 삶을 살면서 선행을 하였다고 김대성을 극찬한 일

창덕궁의 원추리. 시름을 잊게 한다고 하여 망우초라고도 불렀다.

연의 찬시에서 훤실(萱室)은 김대성의 어머니를 의미한다. 훤(萱)은 원추리를 뜻하며, 훤실은 어머니가 계시는 방이다. 예전부터 원추리는 부귀영화를 가져온다고 해서 집안에 심었다. 꽃봉오리 모양이 사내아이의 생식기를 닮아서 아들 낳기를 기원하여 원추리를 심었다고도 한다. 『산림경제』에서 원추리는 시름을 잊게 하는 망우초(忘憂草)로 불린다고도 했다. "가지에 달린 수많은 잎처럼 일이 많지만 원추리로 인하여 모든 것을 잊었으니 시름이 없노라."라고 신숙주는 원추리를 예찬했다.

원추리는 야산 기슭에 흔히 자라는 풀인데 봄철에 어린잎은 좋은 나물이며, 한창 꽃이 필 때 꽃을 따서 꽃술을 제거하고 데쳐서 먹으면 맛이 보드랍고 담백하다. 고라니가 좋아해서 어린 순을 따먹히고 나물을 하는 사람의 손길에도 수난을 당하지만 굵은 뿌리가 발달하여 웬만한 재해를 잘 버틴다. 관상용으로 주로 심는 중국 원산의 왕원추리는 잎이 크고 무성하게 자라지만 꽃의 색과 모양에서 원추리만큼 청초한 멋이 없다.

나를 아니 부끄러워하시면
꽃을 꺾어 바치오리다

철쭉

강릉 헌화로 주변 숲에 핀 철쭉꽃

옆에는 바위 봉우리가 병풍처럼 바다를 둘러 있고, 높이가 천 길이나 되는데, 그 위에는 철쭉꽃이 활짝 피어 있었다. 공의 부인 수로가 그것을 보고 주위 사람들에게 말하기를, "저 꽃을 꺾어다 줄 사람은 없는가."라고 하였다. 그러나 따르는 사람들이 말하기를, "사람이 오르기 어려운 곳입니다."라고 하면서 다들 나서지 못했다. 그 곁으로 암소를 끌고 지나가던 한 노인이 부인의 말을 듣고 그 꽃을 꺾어 와서 가사도 지어 함께 바쳤다. (중략) 노인의 헌화가는 이렇다.

자줏빛 바위 가에

잡은 암소 손 놓게 하시고

나를 아니 부끄러워하시면

꽃을 꺾어 바치오리다.

傍有石嶂 如屛臨海 高千丈 上有躑躅花盛開

公之夫人水路見之 謂左右曰 折花獻者其誰

從者曰 非人跡所到 皆辭不能

傍有老翁 牽牸牛而過者 聞夫人言折其花

亦作歌詞獻之 .... 老人獻花歌曰

紫布岩乎過希

執音乎手母牛放敎遣

吾肹不喩慚肹伊賜等

신라 33대 성덕왕 때 순정(純貞)공이 강릉 태수로 부임하러 부인 수로와 함께 가다가 해변에서 점심을 먹기 위해 쉬었을 때 일어난 이야기이며, 「헌화가」는 노인의 몸인데도 불구하고 목숨이 위태로운 벼랑에 달린 꽃을 꺾어 여인에게 바치며 노래하였다는 낭만적인 향가이다.

노인이 수로부인에게 바친 척촉화(躑躅花)를 대부분 철쭉꽃으로 번역했다. 躑躅(척촉)은 머뭇거린다는 뜻으로 꽃의 아름다

암벽에 붙어 자라는 진달래

움 때문에 가던 걸음을 머뭇거린다는 뜻으로 해석하기도 하고, 꽃에 독이 있어서 머뭇거린다고 풀이하기도 한다. 그러나 척촉화가 철쭉인지 아니면 이와 유사한 꽃을 의미하는지 분명하지 않다. 절벽 위에 핀 꽃을 먼 곳에서 보았다면 비교적 양지바른 곳이었을 터인데 철쭉은 주로 숲속 나무 그늘에서 자라기 때문이다. 절벽에는 철쭉과 유사한 진달래가 잘 붙어산다.

철쭉과 비슷한 식물로 진달래, 털진달래, 산철쭉, 만병초 등 여러 식물이 산에 자란다. 철쭉은 잎이 나온 후 꽃이 드문드문 피는 데 반해, 진달래는 양지바른 곳에 자라나 잎보다 꽃이 먼저 나와 가지 끝에 다닥다닥 핀다. 봄이 되면 만발한 철쭉을 보기 위해 많은 사람들이 산을 오르는데, 산등성이에 핀 분홍색 꽃이 모두 철쭉은 아니고 진분홍색 꽃이 피는 털진달래나 산철쭉과 섞여있는 곳이 많다. 이들은 철쭉보다 좀 낮게 자라고 햇빛을 좋아해서 산등성이에서 잘 자란다.

철쭉과 유사한 꽃을 피우는 영산홍은 일본에서 개발한 철쭉 종류이다. 화려하고 다양한 색의 영산홍이 만발한 정원을 봄철에 쉽게 볼 수 있으나, 우리 고유의 철쭉이나 진달래를 심어놓은 곳은 흔하지 않다. 일본 철쭉은 꽤 오래전부터 우리나라에 도입된 것으로 보인다. 강희안은 『양화소록』에서 세종 23년에 일본에서 진상한 철쭉의 꽃이 석류꽃처럼 붉은빛이라 하였다.

깊은 산지 그늘에서 자라는 만병초 꽃도 사람들의 눈길을 끌기에 충분하다. 한여름에 10~20송이의 꽃이 무리를 지어 가지 끝에 달리면 그 화려함이 모란꽃보다 부족하지 않다. 만병초가 죽음을 넘어선 사랑을 증명하는 설화가 있다. 신라 때 최항이란 사람에게 사랑하는 첩이 있었는데 부모가 반대하여 만나지 못하니 그로 인하여 갑자기 죽고 말았다. 여드레 후 최항의 혼이 애인의 집에 갔는데 여인은 항이 죽은 줄 모르고 반가이 맞았다. 항이 머리에 꽂은 석남(石枏, 만병초) 가지를 첩에게 나누

산기슭이나 능선에 자라는 산철쭉

어 주며 말하기를 "부모가 그대와 같이 살도록 허락해 주기에 왔다."라고 하여, 여인은 항을 따라 그의 집에까지 왔다. 그런데 항은 담을 넘어 들어간 뒤 새벽이 되어도 나오지 않았다. 다음 날 아침 그 집 사람들이 온 까닭을 묻자 여인이 사실대로 대답하였다. 그래서 항의 관을 열고 보니 머리에 석남 가지가 꽂혀있고, 옷은 이슬에 젖었으며 신발이 닳아있었다. 여인이 그의 죽음을 알고 슬피 울다 졸도하자 항이 다시 살아나서 20년을 함께 살다가 죽었다는 내용이다. 이 설화는 지금은 전하지 않는 『수이전』의 글로, 『대동운부군옥』에 실려 전해졌다. 죽은 이의 원을 풀어주어야 한다는 관념이 바탕에 깔린 이 설화에 등장한 만병초는 죽은 사람도 살려낼 정도로 약효가 좋다고 하나, 독이 강해 함부로 쓸 수 없는 한약재이다.

강릉에 가면 헌화로(獻花路)가 있다. 강릉 시내에서 약 20km 떨어진 정동진에서 남쪽의 심곡리를 거쳐 해안가를 지나 금진항에 이르는 길이다. 그중 심곡항에서 금진해변까지의 약 4km 구간은 바다에 접해있는 도로로 국내 최고의 드라이브 코스 중 하나다. 바다 쪽 난간을 낮게 하여 쪽빛 바다를 감상하기 좋게 만들어 놓았다. 이 해변도로는 1998년에 바다를 메우며 만든 길로, 그 전에는 사람들이 쉽게 다니는 길은 아니었다. 아찔한 해안 절벽 아래 드넓은 동해가 펼쳐진 아름다운 풍경이 『삼국유사』에서 묘사한 배경과 유사해서 헌화로라는 길 이름이 붙여졌다고 한다. 그러나 이 길이 실제로 꽃을 꺾어 바친 곳일 가능성은 적다. 철쭉꽃이 만발하는 시기에 방문하여 그 길 위의 절벽을 자세히 쳐다봐도 철쭉꽃은 보이지 않는다. 그러나 내륙 쪽으로 좀 들어가면 울창한 나무 그늘에 화사하게 피어있는 철쭉꽃을 쉽게 발견할 수 있다.

노인을 만난 수로부인 일행은 이틀을 더 가다가 점심을 먹고 있는데, 용이 나타나 부인을 끌고 바다로 들어가 버렸다. 이에 여러 사람이 「해가(海歌)」를 함께 불러 부인을 구했다고 전한다. 헌화로에서 강릉 시내까지는 하루면 갈 수 있는 거리임으로 헌화가의 배경은 이보다 훨씬 남쪽으로 추정된다.

삼척 시청에서 약 30km 남쪽에 있는 임원항 주변에 천연 돌로 만든 수로부인상이 세워진 공원이 조성되어 있다. 내려다보이는 바다 경치가 빼어난 곳으로 알려진 동해안의 이름난 공원이다. 강릉시에서 걸어서 이틀 이상 걸리는 곳이니 이곳 주변이 노인이 목숨을 걸고 꽃을 딴 곳일 수도 있다. 이 공원에서는 헌화가의 꽃을 진달래로 해석하고 수로부인상 주변에 진달래를 심어놓았다. 그런데 용 위에 앉아있는 수로부인상이 이곳이 아니라 강릉 헌화로에 있다면 『삼국유사』의 이야기와 더 어울릴 것 같고, 이곳엔 꽃을 꺾어다 바치는 노인과 이를 바라보는 수로부인이 있으면 좋겠다는 생각이 든다.

"수로부인은 절세미인이어서 깊은 산이나 큰 못을 지날 때

마다 신물(神物)에게 빼앗겼다."라고 일연은 서술하였다. 남편이 있는 여인을 위해 노인이 목숨을 내어놓고 절벽을 올라갈 정도로 매력적이었을 것이며, 용이 탐낼 정도로 우아했을 것이다. 이렇게 아름다움을 극찬한 여인은 그저 평범한 사람이 아님이 분명하다. 수로부인의 남편인 순정은 성덕왕의 뒤를 이은 경덕왕의 첫 왕비 사량부인의 아버지인 김순정과 같은 인물일 가능성이 크다. 그렇다면 수로부인은 성덕왕의 안사돈이 된다. 왕의 친인척이었다고 하더라도 여인에 대한 일화가 2개의 향가와 함께 『삼국유사』에 실린 것은 특이하다. 삼국시대에는 여성의 위치가 후대에서보다 높았기 때문일 것이다. 우리 역사에 등장하는 세 명의 여왕이 모두 신라에서 추대되었던 점도 당시에는 여성의 영향력이 컸음을 뒷받침한다.

하늘의 사자는 이무기 대신
배나무에 벼락을 내리고

배나무

전라북도 진안 마이산 은수사 배나무. 수령이 650년 정도로 추정되며 천연기념물로 지정되었다. 이성계 장군이 기도를 마치고 심었다는 전설이 전해진다.

이무기(璃目)는 항상 절 옆의 작은 못에 살면서 불법 교화를 남몰래 도왔다. 어느 해 갑자기 가뭄으로 밭의 채소가 타들어 감으로 보양이 이무기에게 명하여 비를 내리도록 하니 한 고을에 충분할 정도로 비가 내렸다. 천제는 자신이 모르게 비를 내리게 했다 하여 이무기를 죽이려 했다. 이무기가 법사에게 위급함을 알리자 법사는 이무기를 마루 밑에 숨겼다. 얼마 후 하늘의 사자가 뜰에 와서 이무기를 내놓으라고 하자 법사가 뜰 앞에 있는 배나무를 가리켰다. (하늘의 사자는 배나무에) 벼락을 내리고는 하늘로 올라갔다. 배나무는 시들어 꺾였으나, 용이 어루만지니 즉시 살아났다.

璃目常在寺側小潭 陰隲法化 忽一年元(亢)旱 田蔬焦槁
壤勅璃目行雨 一境告足 天帝將誅不識(職) 璃目告急於師
師藏於床下 俄有天使到庭 請出璃目 師指庭前梨木
乃震之而上天 梨木萎摧 龍撫之卽穌

승려 보양(寶壤)은 중국에서 공부하고 배로 귀국하는 길에 서해에서 용을 만났는데 용은 보양을 극진히 대접하고 아들 이무기를 시봉으로 주며 "귀국하여 작갑에 절을 지으면 몇 년 안에 불교를 보호하는 어진 임금이 나와 삼국을 평정할 것이다."라고 했다. 작갑은 지금의 운문사가 있는 지역으로 보양이 그곳을 찾아가 보니 원광법사가 지어놓은 운문사가 폐허가 되어 있었다. 부서진 돌들을 맞추어 보니 탑이 되는 곳이 있어 그 자리에 절을 짓고 작갑사라고 하였다. 작갑사 한쪽 연못에 이무기가 살면서 보양을 도왔는데, 가뭄이 심해서 이무기가 비를 내리게 했다. 이에 진노한 천제가 이무기를 벌하고자 했는데 배나무가 대신 벌을 받았다는 설화이다.

이무기 대신 벌을 받은 배나무는 참 억울했을 것 같다. 봄철에 예쁜 꽃이 펴서 보기 좋고, 가을에는 맛있는 열매를 맺는 배나무가 없어지면 보양도 아쉬울 터인데, 그 많은 나무 중에서 배나무를 선택한 것이 이상하다. 그런데 한문으로 써 놓으면 이무기(璃目)와 배나무(梨木)가 발음이 같아 보양은 거짓말을 하지 않고도 이무기를 살렸으니 스님의 순발력에 감탄하지 않을 수 없다.

운문사는 태백산맥의 남쪽 끝자락에 자리하고 있는 영남 알프스의 서쪽 기슭에 위치하고 있다. 운문사 근처에는 이목소라고 불리는 둘레 10m 정도의 자그마한 연못이 있는데 가뭄이 들면 스님들이 이곳 이목소에서 기우제를 지낸다.

배나무는 중국이 기원지인데 백두대간에 오래된 배나무가 많이 분포하고 있는 것으로 보아 백두대간을 거쳐 우리나라에 전파된 것으로 추정된다. 우리나라에 야생하는 토종배는 돌배이다. 『고려사』에 배나무가 기록된 것으로 보아 고려시대에 배 재배가 보편적이었으며, 그 전인 삼국시대에 이미 배 재배가 시작된 것으로 보인다. 조선 11대 중종(1506~1544) 때 성현이 지은 『용재총화』에서는 정선배가 으뜸이라고 했던 것으로 보아 조선시대 배는 중부지방에 주로 심겼던 것 같다. 전북 진안 마이산에 있는 은수사에는 태조 이성계가 왜구의 침략을 물리치고 이곳에 들려 심었다는 청실배나무가 천연기념물로 보호받고 있다. 전북 정읍에도 오래된 청실배나무가 있는데, 천연기념물로 지정되었으며 마을의 신목으로 관리하고 있다. 허균이 지은 『도

청실배나무. 『춘향전』에서 이도령 주안상에 청실배를 올렸다고 한다.

문대작』에 의하면 강원도 정선의 금색배, 강원도 고산의 붉은 배, 강릉의 하늘배, 황해도 곡산의 큰배 등 다양한 토종배가 재배되었던 것으로 보인다.『춘향전』에서 월매가 이도령 주안상에 청실배를 올렸다고 한다.

나주에서 대대적으로 배를 재배하게 된 것은 일제강점기 초기에 일본 사람들이 개량된 일본 배를 도입하여 재배하기 시작하면서이며, 그 후에 그곳에 배를 재배하는 농가가 많아졌다. 개량배 재배가 전국적으로 퍼져나가며 토종배가 거의 다 없어진 것은 안타까운 일이다.

돌배나무 목재는 결이 곧고 재질이 치밀하여 가구 제작 및 조각 소재로 쓰였으며 팔만대장경의 목판으로도 산벚나무와 함께 쓰였다.

명아주국 같은 변변한 끼니,
띠풀로 엮은 집

———

명아주, 띠

줄기가 가볍고 단단하여 지팡이를 만드는 데 사용하는 명아주

집이라곤 네 벽뿐이요 콩잎이나 명아주국 같은 변변한 끼니도 댈 수 없어 마침내 살의에 찬 나머지 가족들을 이끌고 사방으로 다니면서 입에 풀칠을 하게 되었다. 이렇게 10년 동안 초야를 떠돌아다니다 보니 메추라기가 매달린 것처럼 너덜너덜해지고 백 번이나 기위 입어 몸도 가리지 못할 정도였다. 강릉 해현령을 지날 때 열다섯 살 된 큰아들이 굶주려 그만 죽고 말았다. 조신은 통곡하며 길가에 묻고 남은 네 자식을 데리고 우곡현에 도착하여 길가에 띠풀(茅)로 엮은 집을 짓고 살았다. 부부가 늙고 병들고 굶주려 일어날 수 없게 되자 열 살 난 딸아이가 돌아다니며 구걸을 했다.

家徒四壁 藜藿不給 遂乃落魄扶攜 糊其口於四方
如是十年 周流草野 懸鶉百結 亦不掩體
適過溟州蟹縣嶺 大兒十五歲者忽餒死 痛哭收瘞於道
從率餘四口 到羽曲縣 [今羽縣也] 結茅於路傍而舍
夫婦老且病 飢不能興 十歲女兒巡乞

승려 조신은 태수 김흔의 딸을 깊이 연모하게 되어 낙산사의 관음보살 앞에 나가 인연을 맺게 해 달라고 빌었다. 그러나 몇 년 뒤 그 여인에게 배필이 생겨 관음보살 앞에 다시 나아가 자신의 뜻이 이루어지지 않았음을 원망하며 슬피 울다가 잠이 들었다. 꿈에 김흔의 딸과 만나 함께 고향으로 돌아가 40년을 살며 자식 다섯을 두었다. 그러나 삶이 궁핍해져서 10년 동안 초야를 떠돌아다니며 가난하게 살다가 자식 하나가 굶어 죽고 남은 네 자식을 데리고 처참하게 살았다. 부부가 늙어 병들고 굶주려 먹고 살 수 없게 되자 열 살 난 딸이 구걸하며 다니다가 개에게 물렸다. 이에 아내는 자식 둘을 데리고 고향으로 떠났다. 아내와 이별하고 조신은 길을 가다가 깨어보니 꿈이었다. 인생이 무상함을 알리기 위한 설화인데 그 시대 가난한 사람이 어떻게 살았는지 들여다 볼 수 있는 좋은 자료이다.

신라시대 가난한 사람들의 삶을 기술하면서 명아주와 콩잎 같은 끼니도 먹을 수 없다고 했다. 콩잎과 명아주를 합쳐 여곽(藜藿)이라고 하는 단어는 변변치 못한 음식 또는 검소한 음식을 뜻한다.

다른 지역 사람들에게는 다소 생소할 수도 있으나 경상도에서는 콩잎장아찌를 먹는다. 예전에는 가난한 사람들의 밥상에 올랐던 반찬이었으나 요즘은 경상도 별식으로 그곳 음식점에도 만날 수 있다. 여름철 푸른 콩잎을 소금물에 절인 후 된장에 넣어 두었다가 먹으며, 가을철 단풍 든 콩잎은 소금물에 숙성시킨 후 양념장에 무쳐 먹는다. 건강에 좋은 다양한 영양성분이 콩잎에 있어 가난한 백성들에게는 좋은 반찬거리였을 것이다.

명아주는 밭에 흔히 자라는 잡초이다. 퇴비 성분이 풍부한

밭 언저리에 주로 자라는데 큰 것은 사람 키보다 높게 자란다. 잎에 흰 가루가 덮여있어 다른 잡초와 쉽게 구분이 된다. 줄기가 가볍고 단단하여 지팡이를 만드는 데 사용하기도 한다. 명아주 지팡이를 청려장(青藜杖)이라고 하는데 신라시대부터 이를 만들어 사용하였다는 기록이 있다. 664년 김유신 장군이 은퇴하고자 했으나 문무왕이 이를 거부하고 청려장을 하사하였다 하며, 2000년 엘리자베스 여왕이 우리나라를 방문했을 때 청려장을 선물했다. 1992년부터 100세 노인들에게 청려장을 대통령이 수여한다.

예전에는 명아주를 밭에 재배했다는 기록이 있다. 척박한 환경에서도 잘 사는 명아주를 다른 작물이 잘 자라지 못하는 곳에 심어 채소로 사용했다. 명아주는 시금치와 유사한 식물로 어린잎을 나물로 하면 시금치 비슷한 맛이 난다. 그러나 다른 나물에 비해 맛이 덜하여 요즘 명아주 잎으로 만든 반찬을 만나기는 쉽지 않다.

띠풀로 엮은 집은 당시에 가난한 사람들이 살았던 집일 것이다. '띠'는 잔디 비슷한 식물로 잔디밭이나 산소에 주로 나는 잡초이다. 잔디보다는 조금 높게 자라지만 크게 자라야 80cm 정도로 억새, 골풀 등을 함께 엮어서 작은 집을 짓는 데 쓰였다. 수간모옥(數間茅屋)이란 고사성어는 두서너 칸 밖에 안 되는 띠집, 즉 오두막집을 의미한다.

가난한 사람들이 끼니로 먹던 어린 명아주

띠는 작은 절을 짓는 데도 사용하였다. 자장법사가 오대산 기슭에 띠를 엮어 집을 짓고 문수보살의 진신을 보려고 기도하였으나 나타나지 않았다. 그래서 묘범산(함백산)에 이르러 정암사를 세웠다고 한다.

띠는 밀이나 보릿대보다 가볍고 물기가 스며들지 않아 집을 지을 뿐만 아니라 도롱이(비옷)를 만드는 데도 사용하였다. 띠는 옆으로 벌어지면서 자라고 꽃이 특이하며 가을이 되면 불그스레한 빛으로 바뀌기 때문에 다른 풀과 쉽게 구분할 수 있다.

띠가 잔디밭에 잡초로 자라 사람들이 제초제로 제거하여 예전만큼 흔하게 보이지는 않지만 늦은 봄 띠꽃이 만발한 모습은 볼만한 경치이다.

띠. 집이나 비옷을 만드는 데 사용하였다.

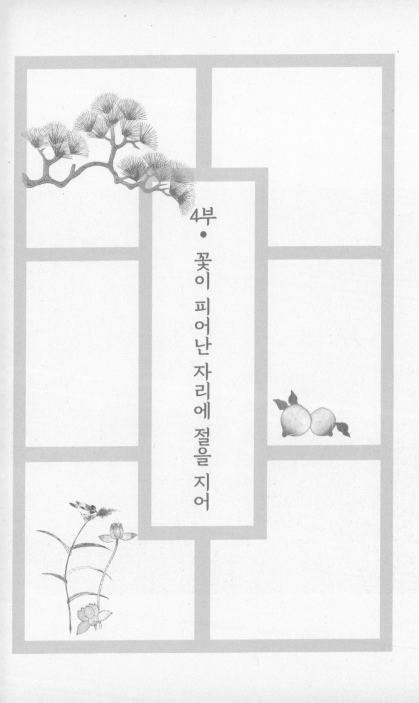

4부

· 꽃이 피어난 자리에 절을 지어

모랑의 집
매화를 먼저 꽃피웠네

———

매화

화엄사 각황전 중건 기념으로 심은 홍매화

금교에 덮인 눈은 아직 녹지 않았고
계림의 봄빛은 아직 완연하지 않은데
봄의 신은 재주가 많고 아름다우니
모랑의 집 매화를 먼저 꽃피웠네

雪擁金橋凍不開
鷄林春色未全廻
可怜靑帝多才思
先著毛郞宅裏梅

　　신라에 불교가 처음 전파된 시기는 분명치 않으나 『삼국유
사』에서는 고구려 승려인 아도(阿道)가 미추왕 2년(263년) 신라
에 들어와 미추왕 딸의 병을 고쳐준 공으로 흥륜사를 지었다고
기록하고 있다. 그러나 이 시기는 고구려와 백제에 불교가 전파
되기 전이어서 신빙성이 적다. 『삼국사기』에 따르면 승려 아도
가 눌지왕(417~458) 때 불법을 전했다고 기록하고 있다. 그 외에
도 다양한 전래설이 있어 어느 것이 맞는지는 알 수 없으나 528
년 이차돈의 순교로 공식적으로 받아들이기 전에 불교는 이미
민간에게 전파되었음이 분명하다. 이 기간에 불교는 배타적인
집권층에 의해 억압을 받으면서, 신라의 금교와 계림은 겨울 같
은 날을 보내며 봄의 신이 와서 불교가 꽃피는 시기를 기다리는

상황을 일연은 찬시로 표현하고 있다. 금교는 아도가 미추왕의 허락을 받아 지은 불사가 있는 곳으로 추정한다.

불교의 상징인 연꽃 대신 매화가 등장한 것이 흥미롭다. 연꽃이 여름에 피니 봄철에 가장 먼저 꽃피는 매화를 불법으로 선택하였을 것이다. 매화의 원산지는 중국 쓰촨성으로 알려졌으며 『삼국사기』에서 고구려 대무신왕 24년(41년)에 매화꽃이 피었다는 기록이 있는 것으로 보아 삼국시대 초기나 그 전에 한반도에 들어온 것으로 보인다.

매화는 사군자의 하나로 추위를 이기고 꽃피기에 선비의 절개를 상징했다. 과거 시험에 수석으로 급제한 인재는 매화꽃 모자를 썼다고 한다. 조선의 학자들은 집안에 매화를 가꾸며 매화를 소재로 많은 시와 시조를 남겼고, 여러 민요에도 매화가 나온다.

퇴계 이황은 '내 전생은 밝은 달이었지, 몇 생애나 닦아야 매화가 될까(前身應是明月 幾生修到梅花)' 등 매화가 들어간 100여 수의 시를 남겼다. 매화를 형이라 부르고, "저 매화 화분에 물을 주거라."라는 말을 남기고 임종하였다는 이황만큼 매화를 사랑한 사람은 단원 김홍도이다. 끼니를 거를 정도로 가난하게 살던 김홍도는 그림을 팔고 3,000냥을 받았는데, 그중 2,000냥으로 매화나무를 사고 800냥은 술을 사서 친구들과 마시고, 남은 200냥으로 식량을 샀다고 한다.

강희안은『양화소록』에서 선비들이 매화를 귀하게 여긴 것은 함부로 자라지 않는 희소함, 아름답게 늙어 가는 모습, 살찌지 않은 자제, 꽃봉오리의 자태 때문이라고 했다. 조선시대의 매화 그림은 단순한 미와 여백을 추구한 특징이 있다. 완벽하지 않고 기교를 부리지 않으며 자연스러운 것을 좋아하던 조선 사람의 정서가 깃들어있다.

『양화소록』에서 송대에 저술된『범촌매보』를 인용하며 강매, 조매, 소매, 고매, 중엽매, 녹악매, 백엽상매, 홍매, 원앙매 등의 매화 특징을 자세히 설명하였다. 이 중국 매화 중 조매, 소매, 백엽상매는 기후 차이 등으로 우리나라에는 키우지 않았던 것 같다.『양화소록』에는 없으나 조선시대에 인기가 있었던 품종에는 꽃이 거꾸로 달리는 도심매가 있다. '한 봉오리만 등진다 해도 시기를 받을 터인데, 어찌하여 모두 다 거꾸로 드리워 피었는가.'라는 이황의 시 구절로 보아서 도산서원에 꽃이 거꾸로 달리는 도심매가 있었던 것으로 보인다.

매화는 식용 매화와 관상용 매화로 나뉘는데 예전에는 관상용 매화를 주로 심었다. 이른 봄에 피는 매화꽃의 매력은 꽃의 아름다움뿐 아니라 그 향기 때문이다. 순천 선암사에는 수령 350~650년으로 추정되는 홍매와 백매 50여 그루가 이른 봄에 꽃핀다. 그 외에도 천연기념물로 지정된 매화는 화엄사의 화엄매, 백양사의 고불매, 오죽헌의 율곡매가 있다. 이름이

선암사 경내의 매화를 통틀어 선암매라고 하는데 각황전 담장의 홍매화(위)와
원통전 담장 뒤편의 백매화(아래)가 대표적이다.

지어진 매화도 있다. 고려 말 우왕 때 정당문학이란 벼슬을 지낸 강회백이 산청 단속사에서 지내며 과거 공부를 하던 소년 시절에 심었다는 매화를 정당매라고 부르며 후손들이 돌봐왔다. 100여 년이 지난 훗날 강회백의 증손인 강귀손이 그 매화를 살피러 갔더니 이미 고사하여 그 곁에 매화를 다시 심었다고 한다. 그 후에도 매화는 여러 차례 죽고 다시 심기며 정당매라는 이름을 이어갔다.

요즘 주로 심는 매화에는 꽃잎이 희고 꽃받침이 붉은 백매화, 꽃받침이 초록색인 청매화, 꽃잎과 꽃받침이 홍색인 홍매화, 꽃잎이 여러 장인 만첩매화 등 다양한 품종이 있다. 익기 전에 딴 열매를 청매라고 하며 다 익은 열매를 황매라고 하는데, 청매는 주로 술을 담거나 청을 만드는 데 쓰이며 황매는 생약을 제조하는 데 사용한다. 『삼국지』에서 조조는 피로와 갈증에 지친 군사에게 이 산을 넘으면 매실나무 숲이 있으니 매실을 따먹자고 독려해서 산을 넘어 위기를 극복했다고 한다. 이처럼 생각만 해도 군침이 나는 매실의 신맛은 구연산과 사과산 때문인데 성인병에 좋다고 해서 각종 건강식품을 만들어 애용한다. 또한 매화꽃은 향이 좋은 차가 된다.

장사를 지내자
무덤 위에서 연꽃이 피어

———

연

부여 궁남지의 홍련.
석가가 걸은 발자국에 연꽃이 피어나서 연꽃을 부처님의 상징으로 모셨다.

왕이 이 소식을 듣고 행차하여 공경히 절하고 바위 옆에다 절을 짓고는 대승사라 했다. 이름은 전해지지 않으나 <연경>을 외는 승려를 청하여 주지로 삼아 공양돌을 깨끗이 하고 분향이 끊어지지 않게 했다. 이 산을 역덕산 또는 사불산이라 했는데, 주지가 죽어 장사를 지내자 무덤 위에서 연꽃이 피어났다.

王聞之命駕瞻敬 遂創寺嵓側 額曰大乘寺
請比丘亡名誦蓮經者主寺 洒掃供石 香火不廢 號曰亦德山
或曰四佛山 比丘卒旣葬 塚上生蓮

문경시에서 북쪽으로 25km 올라가면 진평왕 때(587년) 지어졌다는 전설이 있는 대승사가 있다. 사면이 한 길이나 되는 큰 돌이 하늘에서 내려와 그 바위 옆에 대승사를 지었는데 초대 주지의 무덤에서 연꽃이 피었다고 한다. 불교의 상징인 연꽃이 『삼국유사』에 처음 등장하는 대목이다. 대승사는 1956년 화재를 입어 대부분의 전각들이 소실되었다가 복원되어 옛 모습은 사라졌으나 대승사 서쪽 능선에는 오랜 세월 풍파로 희미한 윤곽만 남아있는 불상이 새겨진 사불바위가 있다.

이보다 앞서 신라 지마왕 12년(123년) 금성(경주) 동쪽 민가가 내려앉아 연못이 되었고 그곳에 연꽃이 돋았다고 『삼국사기』

에 전한다. 이 기록은 불교 전파보다 일찍 연꽃이 한반도에 전래되었음을 추정하게 한다.

석가가 태어나서 걸은 발자국에 연꽃이 피어났다고 하여 연꽃을 부처님의 상징으로 모셨다. 꽃이 피어있는 부처님의 극락세계에 다시 태어나고자 하는 염원에서 고분이나 오래된 절에서 연꽃 유적이 자주 나타난다.

현재까지 발견된 삼국시대의 벽화고분은 고구려의 것이 많은데, 고구려 고분에 그려진 꽃 중에서 연꽃이 가장 많이 등장한다. 평안남도 덕흥리 벽화고분의 벽화에는 두 송이의 연꽃이 연못 위에 피어있으며, 남포시 안성리의 쌍영총에는 여러 개의 연꽃 봉오리가 꽃병 아래로 늘어져있다. 5세기 후반부에 조성된 안악2호분에는 두 선녀가 쟁반에 담긴 연꽃잎을 뿌리고 있으며, 안악1호분, 안악3호분, 진파리 고분, 덕화리 고분 등의 천장에 연꽃 문양이 그려져 있다.

연꽃이 새겨진 조각물은 오래된 절에서 자주 발견된다. 공주 대통사 절터에서 발견된 석조에 연꽃무늬가 새겨져 있으며, 석굴암에도 여러 곳에 연꽃무늬가 그려져 있다. 신라 성덕왕 때(720년) 조성된 것으로 추정되는 보은 법주사의 석련지는 거대한 연꽃이 둥둥 뜬 듯한 모습이다.

연꽃을 키웠던 연못도 여러 곳에서 발굴되고 있다. 부여 정림사 터에는 백제 성왕 16년(538년)에 조성된 네모꼴의 연지가,

속리산 법주사 석련지. 높이 1.95m, 둘레 6.65m에 이르는 석조 조형물

백제 무왕(600~641) 때에 지어진 것으로 알려진 미륵사 터에서도 연지가 발견되었다. 통일신라 경덕왕 때 형성된 불국사에서도 타원형의 연지가 나왔다.

두 태자가 산속에 이르자 갑자기 푸른색 연꽃(靑蓮)이 땅을 뚫고 올라왔으므로 이곳에 형이 되는 태자가 암자를 지어 살았는데, 이를 보천암(寶川庵)이라 했다. 여기에서 동북쪽 으로 600여 보 가량 가니, 북쪽대의 남쪽 기슭에도 푸른색 연꽃이 핀 곳이 있었으므로 동생 효명(孝明) 또한 암자를 짓고 머물면서 각각 부지런히 업을 닦았다.

二太子到山中 靑蓮忽開地上 兄太子結庵而止住

是日寶川庵 向東北行六百餘步 北臺南麓亦有靑蓮開處

弟太子孝明又結庵而止 各勤修業

신문왕의 두 태자 보천과 효명은 속세를 벗어나 오대산으로 들어가 푸른색 연꽃이 핀 곳에 암자를 지었다고 한다. 그런데 푸른색으로 피는 연꽃은 없다. 불교에서 관세음보살을 상징하는 꽃은 백련과 홍련이다. 지혜를 대표하는 문수보살이 청사자를 타고 있듯이 푸른색은 주로 지혜를 가리킨다. 따라서 푸른색 연꽃이 피는 곳은 문수보살이 살고 있는 곳을 의미한다. 두 태자는 매일 새벽 예불하기 위해 오대산에 올라갔는데 문수

푸른 수련. 연꽃은 푸른 색이 없으나 수련꽃은 푸른색이 있다.

보살이 36가지 형상으로 변하여 나타났으며, 그 모양 중의 하나가 푸른 연꽃 모양이었다고 『삼국유사』에 전한다.

『양화소록』에서는 연꽃을 푸른색으로 피게 하는 방법을 다음과 같이 소개했다. "연꽃이 피기 전에 밤마다 쪽 우린 물에 적신 종이로 꽃술 위를 발라 주고 그 종이로 꽃술 입구를 감싸 주면 파란색 꽃이 핀다."

연과 비슷하게 연못에 자라는 수련이 있는데 흰색, 붉은색 말고도 노란색 및 파란색 등 다양한 색으로 꽃을 피운다. 그 외에도 수련은 연과 다른 점이 많은데, 수련 꽃은 연꽃보다 작으며 연잎은 둥글지만 수련의 잎은 한쪽으로 갈라진다.

연꽃과 수련은 외래종이지만 우리나라 자생종인 개연꽃이 차지하고 있는 연못도 많다. 연꽃의 사촌뻘 되는 개연꽃은 연꽃처럼 꽃이 크지는 않지만 한여름 노란 꽃이 물 위로 올라오면 앙증맞게 아름답다. 개연꽃과 유사하게 생긴 왜개연꽃과 남개연도 우리 토종 수생식물로 여름 연못을 화사하게 채워준다.

고승 연회가 일찍이 영취산에 숨어 살며 늘 <법화경>을 읽고 보현관행을 닦았다. 뜰의 연못에는 언제나 연꽃 몇 송이가 피어있어 사시사철 시들지 않았다. 원성왕이 그 상서롭고 기이함을 듣고 그를 불러서 국사로 삼고자 했는데, 법사는 이 말을 듣고 암자를 버리고 달아났다.

高僧緣會 嘗隱居靈鷲 每讀蓮經 修普賢觀行

庭池常有蓮數朶 四時不萎

國主元聖王 聞其瑞異 欲徵拜爲國師

師聞之 乃棄庵而遁

　승려 연희는 왕이 국사로 초청하였으나 얽매이는 것이 싫어서
이를 사양하고 떠난다. 사시사철 연꽃이 피는 곳에서 열심히 수행하
며 자유롭게 사는 것이 왕궁에 들어가는 것보다 좋아서 일 것이다.

　삼국시대부터 고려까지 연꽃은 불교적인 의미가 강했으나
조선시대에 와서는 선비가 지향하는 군자의 덕목을 가진 꽃으
로 사랑을 받았다. 진흙물 속에서도 깨끗한 모습을 유지하고
청초한 꽃을 피기에 좋은 친구로 가까이 하고자 했다.

　사시사철 꽃피는 식물은 드물다. 그런데 요즘 공원이나 길
가에 심는 화초 중에는 봄부터 가을까지 오랫동안 꽃피는 것
도 있다. 그 중 대표적인 것은 길거리 단장에 많이 심는 페튜니
아이다. 남미 원산의 관상식물로 나팔꽃 모양의 꽃을 피우는데
자주색, 분홍색 등 다양한 색상이 있다. 꽃이 수정하면 열매가
자라면서 호르몬이 분비되어 새로운 꽃이 피는 것을 막는다.
따라서 꽃이 계속 피려면 열매가 맺히지 말아야 한다. 페튜니아
는 수정이 잘 되지 않는 식물이기 때문에 열매가 거의 맺지 않
고 계속해서 꽃피운다.

백일홍도 꽃이 오랫동안 핀다. 백일홍 꽃송이는 두 종류의 작은 꽃으로 구성되어 있는데 가장자리에는 꽃잎 모양의 꽃이 돌려 달리고 안쪽에는 아주 작은 수천 개의 노란색 꽃이 핀다. 중앙의 노란 꽃은 가장자리에서부터 순차적으로 천천히 펴서 맨 안쪽의 꽃이 필 때까지 오랫동안 꽃송이가 피어있다. 가을에 피는 코스모스, 과꽃, 국화, 구절초 등도 백일홍처럼 두 종류의 꽃으로 구성되어 있어 꽃이 오랫동안 핀다.

불경을 설법함도 일장춘몽인듯
지난날 불경 외던 소리 구름 속에 숨었네
세속의 역사에 이름을 길이 남기니
죽은 후에도 붉은 연꽃처럼 혀가 꽃다웠네

鹿尾傳經倦一場
去年淸誦倚雲藏
風前靑史名流遠
火後紅蓮舌帶芳

『삼국유사』에 흔하지 않은 백제 스님에 대한 기록이다. 승려 혜현(惠現)은 중국에 유학을 가지도 않았으나 그의 이름이 당나라까지 알려졌다. 그러나 혜현 스님은 조용한 곳에서 잊음

(忘)을 갈구하다가 생을 마쳤다.『삼국유사』에서는 혜현의 혀가 죽은 후에도 붉은 연꽃 같다고 했다.

연꽃은 주로 연한 홍색이다. 백색 연꽃은 귀했으나 효능이 더 좋다고 알려지면서 재배하는 곳이 많아져 요즘은 비교적 쉽게 볼 수 있다. 수도권에서 가볼만한 연꽃 축제는 양평의 세미원과 시흥시의 연꽃테마파크이다. 테마파크 옆에 있는 관곡지에는 1463년 강희맹이 명나라에서 가져온 '전당홍'이란 연꽃 품종이 심겨있는데 흰 꽃잎에 끝부분만 약간 담홍색을 띠어 자태가 곱다. 600년에 가까운 긴 기간 동안 처음 심겨진 곳에 유지되었다는 것만으로도 귀한 보물이다. 전국적으로 연꽃이 심긴 곳이 많으나 그중 가장 오래된 역사를 가진 곳은 부여의 남

1463년 중국에서 가져와 시흥 관곡지에 심은 전당홍

궁지이다. 백제 말기에 조성된 인공 호수로 그 일부가 복원되어 다양한 연꽃과 수련을 심어 여름철 피서객을 맞이한다.

궁 북쪽 뒤쪽 숲속에서 두 줄기 연(蓮)이 나고, 또 봉성사 밭 속에서도 연이 났다. 범이 궁성 안에 들어온 것을 찾다가 놓쳤다. 각간 대공(大恭)의 집 배나무 위에 참새가 수없이 모였다. 안국병법(安國兵法) 하권을 보면 (이러한 일이 있으면) 천하에 큰 병란이 일어난다 했으므로, 이에 (죄수를) 대사(大赦)하고, 왕이 자숙반성하였다.

宮北廁圊中二莖 蓮生 又奉聖寺田中生蓮
虎入禁城中 追覓失之 角干大恭家梨木上雀集無數
據安國兵法下卷云 天下兵大亂 於是大赦修省

신라 36대 혜공왕이 8세에 왕위에 올라 태후 만월부인의 섭정을 받으면서 왕권이 약화되고 국가가 쇠약기에 들어간다. 귀족세력들의 정권쟁탈전으로 나라가 불안정하고 많은 반란이 일어나 혜공왕은 결국 김양상에게 살해된다. 혜공왕 집권 초기부터 이상한 자연현상이 일어나 연못에서 자라야 할 연이 숲이나 밭에서 나타난 것은 불교국가인 통일신라에서 받아들이기 힘든 현상이었을 것이다.

백련. 연꽃은 주로 연한 홍색이나 백련을 재배하는 곳이 많아졌다.

700여 년 된 연 종자를 발아시켜 자라난 함안의 아라홍련

연은 흙속을 기는 땅속줄기로 퍼지며, 원형 방패 모양의 잎을 갖고 있다. 한여름에 물속에서 나온 긴 꽃자루 끝에 꽃이 피고 가을에 열매가 익는다. 과피는 매우 딱딱하여, 종자는 쉽게 발아하지 않고 수백 년이 지난 후에 발아하는 경우도 있다. 따라서 심지도 않은 곳에서 느닷없이 연꽃이 나타날 수 있다. 경상남도 함안군에서는 700여 년 된 연 종자를 발아시켜서 아라홍련 연꽃습지를 조성하였다. 현대의 연꽃보다 꽃 색이 연하고 꽃잎이 날렵한 것이 고려시대 불교화에 그려진 연꽃과 유사하다고 한다.

나에게도 차 한 잔
나누어줄 수 있겠는가

———

벚나무, 차나무

산벚나무. 목재가 치밀하고 아름다워 가구를 만드는 데 쓰였다.

왕이 귀정문(歸正門) 누각 위에 올라서 좌우 신하들에게 말했다. "누가 길거리에서 위엄과 풍모가 있는 승려 한 사람을 데려올 수 있겠느냐." 이때 마침 위엄과 풍모가 있고 깨끗한 한 고승이 배회하며 가고 있었다. 좌우 신하들이 그를 데리고 와 뵙게 하니, 왕이 "내가 말한 위엄과 풍모가 있는 승려가 아니다." 하고 그를 돌려보냈다. 다시 한 승려가 가사를 걸치고 앵통(櫻筒)을 지고 남쪽에서 오고 있었는데 왕이 보고 기뻐하여 누각 위로 맞아들였다. 통 속을 보니 다구(茶具)가 가득 들어있었다. 왕은 물었다. "그대는 누구인가?" 승려가 아뢰었다. "소승은 충담(忠談)이라고 합니다."

王御歸正門樓上 謂左右曰 誰能途中得一員榮服僧來
於是適有一大德 威儀鮮潔 徜徉而行 左右望而引見之
王曰 非吾所謂榮僧也 退之 更有一僧 被衲衣負櫻筒
從南而來 王喜見之 邀致樓上 視其筒中 盛茶具已
曰 汝爲誰耶 僧曰 忠談

경덕왕이 즉위한 지 24년이 되던 해(765년)이다. 3월 3일 누각에 올라 위엄이 있는 승려를 찾다가 충담을 만나는 장면이다. 승려는 차를 끓이는 다구가 든 앵통(櫻筒)을 메고 있었다. '櫻'은 앵두나무 또는 벗나무를 뜻하는데, 통을 만들어 그 안에 물건을 나를 정도라면 벚나무일 것이다. 앵두나무는 중국 원산으로 17세기에 우리나라에 도입된 것이니 고려와 삼국시대에 '櫻'은 벚나무로 풀이하는 것이 옳아 보인다.

벚나무 목재는 치밀하며 색상이 아름다워 고급 가구를 만드는 데 쓰였다. 팔만대장경의 64%가 산벚나무로 만들어졌는데 1,000여 년의 세월이 흐른 후에도 변형이 없는 훌륭한 목재임을 보여준다.

여러 종류의 벚나무가 있는데, 가로수로 흔히 심어 봄철에 화사하게 꽃이 피는 것은 왕벚나무이다. 이른 봄에 벚꽃이 피면 전국 각지에서 벚꽃축제가 열리는데, 진해 군항제, 여의도

산벚나무 꽃. 왕벚나무는 꽃이 먼저 피나 산벚나무 꽃은 잎과 함께 나온다.

봄꽃축제 등이 많은 사람들의 발길을 끈다. 왕벚나무 꽃이 한창일 즈음 산에는 산벚나무가 꽃핀다. 왕벚나무는 꽃이 잎보다 먼저 피는데 산벚나무는 꽃이 잎과 함께 나오며 크게 자라서 참나무와 경쟁을 하며 야산에 잘 자란다. 가로수로 심긴 왕벚나무는 일본산이며 우리나라 자생 왕벚나무는 제주도에서 야생으로 귀하게 자라나 그 외의 지역에서는 보이지 않으니, 충담 스님의 앵통은 산벚나무 목재로 만들었을 것이다.

> 승려가 아뢰었다. "소승은 매년 중삼일(3월 3일)과 중구일
> (9월 9일)에 차를 달여서 남산 삼화령의 미륵세존께 올리는
> 데, 지금도 차를 올리고 돌아오는 길입니다." 왕이 말했다.
> "나에게도 차 한 잔 나누어줄 수 있겠는가?" 승려는 이에
> 차를 다려 바쳤는데 차의 맛이 특이했고 찻잔 속에서 진한
> 향이 났다.

僧曰 僧每重三重九之日 烹茶饗南山三花嶺彌勒世尊
今玆旣獻而還矣 王曰 寡人亦一甌茶有分乎
僧乃煎茶獻之 茶之氣味異常 甌中異香郁烈

충담 스님이 미륵보살에게 올리는 차를 경덕왕에게도 바쳐 왕이 마셔봤는데 맛과 향이 특이하다고 했다. 차를 처음 마셔

서인지 아니면 특이한 차인지 분명치 않다. 『삼국유사』에서 차에 관한 이야기는 이보다도 한참 전 신문왕(681~692) 때 나온다. 보천과 효명 두 태자가 오대산에 들어가 각각 암자를 짓고 부지런히 업을 닦으며 매일같이 골짜기에서 물을 길어다 차를 끓여 문수보살에게 공양했다고 한다.

신라 흥덕왕 3년(828년) 당에 사신으로 갔던 대렴이 차나무 씨앗을 가져와서 지리산에 심었다고 『삼국사기』에 전한다. 지리산의 화엄사, 천은사, 연곡사 등의 사찰 주변에서는 그때 심

가을에 피는 차나무 꽃

은 것으로 추정되는 차나무가 야생으로 자란다. 그러나『삼국유사』에 의하면 차는 그 전에 이미 들어와 보편화되었던 것 같다. 5세기 말에서 6세기 초로 추정되는 각저총(角抵塚)에 남녀 세 사람이 차를 마시는 모습이 그려진 벽화가 있는 것으로 보아 이 무렵 고구려에는 이미 차 문화가 정착되었음을 시사한다.

야생 차나무에서 우량계통을 선발해서 육성한 다양한 품종이 남부지방에서 재배되고 있으며, 일본에서 도입된 차나무를 재배하는 농가도 있다. 우리나라 차 소비량은 한 사람당 연간 160g 정도로 세계 평균의 20% 정도지만 커피는 3.9kg으로 세계 평균의 3배에 달한다. 한국 사람은 차 보다는 커피를 더 좋아한다는 통계치이다.

오솔길에 봄이 깊어
양쪽 언덕에 꽃이 피네

—

복숭아나무, 살구나무

복숭아나무(복사나무). 사악한 기운을 없앤다고 믿어 귀신을 쫓을 때나
부적을 찍는 도장을 만들 때 쓰였다.

그때 속리산의 대덕 영심(永深)이 대덕 융종(融宗), 불타(佛陀) 등과 함께 율사를 찾아와서 청했다. "우리들은 천 리를 멀다 하지 않고 와서 계법을 구하니, 법문을 주시기 바랍니다." 율사가 묵묵히 대답하지 않자, 세 사람은 복숭아나무 위로 올라가 거꾸로 땅에 떨어져 용맹스럽게 참회했다. 율사는 그제야 교를 전하였다.

時俗離山大德永深 與大德融宗佛陀等 同詣律師所
伸請曰 我等不遠千里 來求戒法 願授法門
師黙然不答 三人者 乘桃樹上 倒墮於地 勇猛懺悔 師乃傳敎

신라 중기 경덕왕 때의 고승 진표율사의 제자가 되고자 찾아온 세 스님이 율사의 허락을 얻기 위해 복숭아나무(복사나무)에서 떨어지면서 참회를 하였다고 한다.

예로부터 복숭아나무를 신령스럽게 생각했고, 사악한 기운을 없앤다고 믿었다. 굿을 할 때 복숭아나무로 귀신을 쫓았으며, 부적을 찍는 도장을 복숭아나무로 만들었다. 『조선왕조실록』에 의하면 연산군은 매년 3월과 8월에 복숭아나무로 만든 칼과 판자를 써서 전염병 귀신을 쫓았다고 한다. 한편, 집안에 복숭아나무 심는 것을 삼갔으며 제사상에도 복숭아를 올리지 않았다. 이는 복숭아가 귀신을 쫓는 기운이 강하여 조상신이 오지 못한다고 생각했기 때문이다.

『삼국사기』에 의하면 복숭아꽃이 기원전 16년 백제 위례성에서 10월에 피었고, 서기 203년 늦가을에 신라에서 피고 사람들이 전염병에 걸렸으며, 진흥왕 원년(540년) 초겨울에 복숭아꽃이 피고 지진이 일어났다고 한다. 고구려에서도 가을에 복숭아꽃이 피었다는 기록이 여러 번 나온다. 당연히 봄에 피어야 할 꽃이 가을에 피면 심상치 않은 일이 일어날 징조로 보았다. 이른 봄에 꽃피는 나무는 가을에 만들어진 꽃봉오리가 추운 겨울을 나고 봄이 오면 꽃을 피우는데, 초겨울에 날씨가 따뜻하면 꽃봉오리가 터지기도 한다. 예전에는 겨울이 추워서 봄꽃이 가을에 피는 경우가 흔하지 않았던 것으로 보이는데, 요즘은 기온이 따뜻해져서 봄에 펴야 할 진달래와 개나리 등 봄꽃이 초겨울에 피는 것을 흔히 본다.

복숭아는 신라 건국신화에서도 등장한다. 시조 박혁거세는 알에서 태어났다고 전하나 불로장생의 복숭아가 열리는 선도산의 선신 사소(娑蘇)가 낳았다는 설화도 있다. 이렇게 복숭아를 신성함에 비유하는 것은 고대 중국에서부터 비롯되었다. 어부가 복숭아꽃이 만발한 마을로 배를 저어가다가 무릉도원에 도달했다는 4세기 도연명의 「도화원기」는 낙원 사상의 진수로서 복숭아를 영적인 열매로 기술하고 있다. 이 이야기는 중국은 물론 한국과 일본에도 많은 영향을 주었다. 복숭아는 열매

복숭아꽃. 조선시대 봄철 꽃구경은 대부분 복사꽃이었다.

를 많이 맺어 다산을 의미하기도 했다. 복숭아와 대추로 상징되는 수로왕과 맺어진 허황옥은 열 명의 아들을 낳았으며 그중 두 명은 허씨 성을 받아 김해 허씨의 시조가 되었다.

복숭아는 장수식품으로도 알려졌다. 불로불사의 여신 서왕모가 한무제에게 먹으면 불로장생한다는 신비한 복숭아를 가져왔는데 동방삭이 훔쳐 먹고 18만 년을 살았다는 설화가 전한다. 정조는 규장각의 신하들을 각별히 아껴 후원에 열린 복숭아를 따서 하사하며 "복숭아는 사람들을 장수하게 한다고 하여 보낸다."라고 했다.

복숭아나무의 꽃을 복사꽃이라고 하는데, 분홍색 복사꽃의 아름다움은 예로부터 많은 문헌에서 기술되고 있고, 『삼국유사』에서도 여러 번 등장한다. 오늘날 봄철 꽃구경은 벚꽃이 대세지만 조선시대 '꽃구경'이라는 말은 대부분 복사꽃 구경이었고, 그다음이 매화와 살구꽃 등이었다. 옛 선비들은 봄이 오면 복사꽃 길을 함께 걸으며 『삼국지』의 '도원결의'를 이야기하기도 했을 것이다.

복숭아는 중국이 원산지로서 기원전 4세기경부터 재배를 하였다고 기록되어 있다. 우리나라에 언제 들어왔는지는 확실치 않으나 기원전 2~1세기경에 페르시아 지방에 전해진 것으로 보아 한반도에는 그 전에 들어와 토착화된 것으로 추측된다.

산 복숭아와 시내의 살구가 기운 울타리에 비치고
오솔길에 봄이 깊어 양쪽 언덕에 꽃이 피네
그대가 한가로이 수달을 잡은 인연으로
악마조차 서울 밖으로 멀리 내쫓았네

山桃溪杏映籬斜
一經春深兩岸花
賴得郞君閑捕獺
盡敎魔外遠京華

살구꽃. 과거 시험이 살구꽃이 만발한 시기에 주로 열렸기 때문에 급제화라고도 불렀다.

개를 죽일 만큼 강한 독성이 씨에 들어 있는 살구나무 열매

악귀를 쫓아내 당나라 공주의 병을 고치고 신문왕의 종기도 고친 혜통 스님의 업적을 찬양하는 노래이다. 복숭아와 살구는 봄을 상징하는 식물 중 하나이다.

예전엔 살구나무가 흔했다. 연분홍색의 살구꽃은 이른 봄을 화사하게 색칠해서 겨우내 움츠러들었던 가슴을 들뜨게 하기 충분하다. 옛 문헌에는 고향을 그리는 글귀에 살구가 종종 등장한다. 살구꽃을 '급제화(及第花)'라고도 불렀다. 과거 시험이 살구꽃이 만발한 시기에 주로 열렸기 때문이다. 한여름에 노란색으로 열매가 익는데 비바람이 부는 날에는 잘 익은 열매가 떨어져 아이들에게는 좋은 먹거리가 되곤 했다.

살구나무는 중국 원산으로 기원전 250년경 이전부터 심겼는데, 주로 약용으로 재배했던 것으로 보이며 옛 고구려 땅인 만주 지방에도 살구가 자생했던 것으로 보인다. 살구는 개(狗)를 죽일(殺) 만큼 강한 독성이 씨에 있다는 뜻이다. 살구나 복숭아처럼 단단한 껍질에 싸인 씨는 체내 소화 과정에서 시안화물이 방출되어 양이 과다하면 몸에 해롭다.

원효대사의 모친이
밤나무 아래를 지나다가

밤나무

남이섬의 밤나무. 남양주의 밤섬, 경남 밀양의 밤나무 숲 등이 조선시대에 조성되었다.

대사의 집은 본디 이 골짜기 서남쪽에 있었다. 대사의 어머니가 아기를 배어 만삭인데 마침 이 골짜기 밤나무 밑을 지나다가 갑자기 해산하게 되었으므로 너무 급해 집에 돌아가지 못했다. 남편의 옷을 나무에 걸고 그 속에 누워서 지냈기 때문에 그로 인하여 이 나무를 사라수(裟羅樹, 사라 비단을 건 나무)라 한다. 그 나무의 열매도 또한 보통 나무와는 달랐으므로 지금도 사라율(裟羅栗)이라 일컫는다.

師之家 本住此谷西南
母旣娠而月滿 適過此谷栗樹下 忽分産 而倉皇不能歸家
且以夫衣掛樹 而寢處其中 因號樹曰裟羅樹
其樹之實 亦異於常 至今稱裟羅栗

원효대사는 밤나무 밑에서 태어났다고 전한다. 그 밤나무를 사라수라고 하는데 부처님이 80세의 삶을 마감하고 죽음을 맞이할 때 여덟 그루의 사라수 밑에서 열반에 들었다고 한다. 인도에서 '사라'라고 불리는 나무는 우리나라에서 자라지 못하여 우리나라에서는 다양한 나무를 사라수로 불렀다.

밤은 아시아, 유럽, 북아메리카 등 북반구에 널리 분포하는데 삼국시대 유물에서 밤알이 발견된 것을 보면 한반도에서 밤나무를 재배하기 시작한 것은 꽤 오래전으로 보인다. 우리나라의 밤은 송이가 크기로 유명했다. 중국 역사책에는 백제의 밤이 달걀만하다고 기록하고 있다.

예전에는 경기도에 밤나무가 많았다. 특히 과천에 밤나무가 많아서 열매 과(果)자의 과천이 되었다. 조선시대에는 적극적으로 밤나무를 심고 보호하였으며, 그때 조성된 밤나무 숲이 아직 남아있는 곳이 있다. 남양주의 밤섬, 경남 밀양의 밤나무 숲 등이 그 예이다. 창덕궁 후원에 오래된 밤나무가 있다. 왕궁에서 밤 줍는 행사가 열렸다고 『순종실록』에 전한다.

가을이면 탐스러운 밤이 열리던 대부분의 토종 밤나무는 밤나무혹벌의 피해를 받고 없어졌거나 고령화되어 이제는 보잘 것없는 작은 밤이 열린다. 병에 강한 개량종 밤나무가 경상도, 전라도, 충청도에서 주로 재배된다.

옛날에는 혼례에 사용한 밤을 먹으면 아들을 낳는다고 믿었다. 요즘도 폐백에 밤과 대추를 신부에게 던져주는 풍습이 남아있다. 밤나무 목재는 타닌 성분이 많아 잘 썩지 않고 수명이 길어 농기구 및 건축재로 이용되었다.

밤은 영양가가 좋으며 위와 장을 보호하여 허약한 체질에 좋다. 밤꽃은 유별난 향기를 피우는데 암꽃과 수꽃이 따로 피기 때문에 벌을 불러와 수정하기 위함이다. 아까시나무 꽃이 지면 밤꽃이 피기 때문에 양봉을 하는 사람들에게는 고마운 꽃이다.

밤송이. 밤은 조상을 잊지 않는 나무라고 하여 열매를 제사상에 올렸다.

창덕궁 후원의 밤나무. 조선시대 왕궁에서 밤 줍는 행사가 열렸다.

성덕왕은 친히 모든 관료를 거느리고 산에 도착하여 불전과 불당을 짓고, 또 문수대성의 형상을 진흙으로 만들어 법당 안에 모시고 나서, 지식, 영변 등 다섯 명에게 돌려가면서 <화엄경>을 오랜 시간 읽게 하고, 화엄 모임을 조직하도록 했다. 오랫동안 (공양)비용을 대기 위해 매년 봄과 가을이면 그 산과 가까운 주나 현에서 창고의 곡식 100섬과 정유 1섬씩 공급하는 것을 일정한 규칙으로 삼았다. 진여원에서 서쪽으로 6,000보 떨어진 곳의 모니점과 고이현 밖에 시지(땔나무를 채취하던 곳) 15결, 밤나무밭 6결, 전답 2결을 내어주고 장사(농장을 관리하는 사람이 사는 집)를 세웠다.

大王親率百寮到山 營搆殿堂 竝塑泥像文殊大聖安于堂中

以知識靈卞等五員 長轉華嚴經 仍結爲華嚴社

長年供費 每歲春秋 各給近山州縣倉租一百石 淨油一石

以爲恒規 自院西行六千步 至牟尼岾古伊峴外 柴地十五結

栗枝六結 坐位二結 創置莊舍焉

오대산에서 수도하던 왕자 효명이 신문왕의 뒤를 이어 신라 33대 성덕왕으로 즉위하였다. 왕은 왕자로 있을 때 수련하던 오대산을 찾아가 절을 짓고 유지비로 매년 곡식과 기름을 공급하게 하고, 땔나무를 채취하는 땅과 밤나무밭 그리고 기타 경비를 마련하기 위한 땅을 주었다고 기록하고 있다.

밤은 밥에 넣거나 떡을 만드는데 사용하는 등 용도가 다양한 열매로 먹을 것이 많지 않던 옛날에는 그 값어치가 컸다. 밤은 오랫동안 자라도 종자 껍질이 뿌리에 그대로 매달려있어, 조상을 잊지 않는 나무라고 하여 제사상에 올렸고, 묘소의 위패를 만드는 데도 밤나무 목재가 쓰였다. 1결은 약 3,000평 정도의 면적이다. 성덕왕이 하사한 6결의 밤나무밭은 절을 유지하기에 필요한 경비를 충당하기에 충분하였을 것이다.

뽕나무밭이
몇 번이나 푸른 바다를 이루었지만

뽕나무, 박

창덕궁 후원에 있는 천연기념물 뽕나무

부처님의 빛이 가려진지 오래되어 기억이 아득한데

오직 연좌석만이 그대로 남아있구나

뽕나무밭이 몇 번이나 푸른 바다를 이루었지만

애석하구나 우뚝한 모습 아직도 옮기지 않았네

惠日沈輝不記年

唯餘宴坐石依然

桑田幾度成滄海

可惜巍然尙未遷

진흥왕이 즉위한지 14년(553년)이 되던 해 반월성 동쪽에 새 궁궐을 지으려고 하는데 황룡이 나타나서 대궐 대신 절을 짓고 황룡사라고 이름하였다. 신라 27대 선덕여왕 때 자장법사가 중국에서 유학을 하고 있었는데 신령한 사람이 나타나 "신라는 여자를 임금으로 삼아 덕은 있으되 위엄이 없어 나라가 위태롭다."라며, "황룡사에 9층탑을 세우라."라고 하였다. 이에 법사가 귀국하여 선덕여왕에게 청하여 백제의 아비지를 초청하여 탑을 세웠다고 『삼국유사』에 전한다.

9층탑은 고려 광종 때 벼락이 떨어져 불타 없어지고 이후 헌종 때 목탑을 재건했으나, 고종 25년(1238년) 몽고와의 전쟁 때 소실되었다. 일연이 『삼국유사』를 집필하기 위해 옛 황룡사

터를 방문하니 가섭불의 연좌석(좌선할 때 앉았던 돌)이 있었는데 화재를 겪으며 돌이 갈라졌고 세월이 지나며 흙에 묻혔다는 시를 남겼다. 이 글에서 오랜 세월이 지남을 뽕나무의 푸름에 비유하였다. 상전벽해(桑田碧海)란 고사성어는 뽕나무밭이 푸른 바다가 될 정도로 오랜 시간이 흘렀다는 내용으로 쓰인다.

요즘은 뽕나무를 키우는 농가가 흔하지 않으나 논이나 밭두렁에 뽕나무가 가끔 남아있는 곳도 있다. 깊은 산길에서 오래된 뽕나무 군락을 만나기도 하는데 그곳은 옛날 사람들이 살면

야생으로 산지에서 자라는 산뽕나무. 뽕나무보다 열매가 작다.

서 뽕을 키우던 곳이다. 뽕나무 잎을 먹여 키운 누에고치에서 비단실을 만들었다. 뽕나무 열매를 오디라고 하는데 예전에는 좋은 먹거리였다. 오디는 술로 담그기도 하는데 열매가 작은 산뽕나무 오디로 만든 것이 더 좋다고 한다. 뽕나무 속껍질 및 뿌리는 약재로 쓰인다. 상황버섯은 죽은 뽕나무에 자라는 버섯이다.

수로왕에게 시집온 허황옥은 혼수품으로 금은보화를 가져왔는데 다양한 비단도 포함되어 있었다는 기록에서 보듯이 옛날에는 비단을 귀하게 여겼다. 신라의 시조 박혁거세는 뽕나무 심기를 권장하여 농민들의 삶을 이롭게 하였으며, 파사왕이 즉위 3년(82년)에 담당관청으로 하여금 누에치기를 장려하였다는 기록이 『삼국사기』에 전하는 것으로 보아 신라 초기 이전에 이미 뽕나무 재배가 시작된 것으로 보인다.

비단을 신성시하여 국보로 삼았다는 내용이 『삼국유사』 '연오랑과 세오녀' 편에 나온다. 어느 날 연오가 바닷가에서 해초를 따고 있다가 바위에 실려 일본으로 건너갔는데 그곳 사람들이 연오를 비상한 사람으로 보고 왕으로 섬겼다. 세오도 남편을 따라 일본으로 가서 함께 살았다. 이때 신라에서는 해와 달을 잃었는데 이는 연오와 세오가 일본으로 건너간 때문으로 생각하고 이들 부부를 데려오려고 하였다. 그러나 연오는 신라로 돌아가는 것을 사양하며 "내 아내가 짜놓은 비단이 있으니, 이것을 가지고 하늘에 제사를 지내면 될 것입니다." 하며 비단을 주었다.

가지고 온 비단으로 제사를 지냈더니 해와 달이 예전처럼 빛을 되찾았음으로 그 비단을 국보로 삼았다는 설화가 전해진다.

그리스가 원산지인 뽕나무는 누에를 치기 위해 심어 기르는 나무로 중국을 통해 우리나라에 들어왔다. 우리나라 산에 자생하는 산뽕나무가 있지만 잎이 큰 뽕나무를 주로 재배하였던 것으로 보인다. 신라 진덕여왕은 당나라에 비단을 수놓아 보냈으

서초구 몽마르뜨공원의 뽕나무와 누에다리

며, 신라 경문왕 때에는 당나라에 각종 비단을 수출했다는 기록이 있다. 고려 현종 때에는 마을마다 뽕나무를 심게 했으며, 조선 태조 이성계는 한양으로 도읍을 옮기고 왕궁에 뽕나무를 많이 심었다. 세종 때 기록에 의하면 창덕궁에 1,000여 그루의 뽕나무를 심었다고 한다. 조선시대에는 왕비가 직접 누에를 치고 고치를 거두는 친잠례 의식을 치렀다. 지금도 창덕궁 후원에는 천연기념물 뽕나무가 자라고 있다. 서울의 잠실은 뽕나무를 심어 키우던 곳이다.

원효는 계율을 어기고 설총을 낳은 후로는 속인의 옷으로 바꾸어 입고, 스스로 소성거사(小性居士)라 하였다. 우연히 광대들이 굴리는 큰 박(瓠)을 얻었는데, 그 모양이 괴이했다. 성사는 그 모양대로 도구를 만들어 화엄경의 '모든 것에 거리낌이 없는 사람이 한 길로 생사를 벗어난다'란 문귀에서 따서 이름을 무애(無㝵)라고 하고 노래를 지어 세상에 퍼뜨렸다. 일찍이 이것을 가지고 수많은 부락에서 노래하고 춤추며 교화하고 읊다가 돌아왔다. 그래서 뽕나무 농사를 짓는 늙은이와 옹기장이나 무지몽매한 무리도 모두 부처님의 이름을 알고 나무아미타불을 부르게 되었으니 원효의 법화는 컸던 것이다.

曉旣失戒生聰 已後易俗服 自號小姓居士

偶得優人舞弄大瓠 其狀瑰奇

因其形製爲道具 以華嚴經一切無㝵人 一道出生死

命名曰無㝵 仍作歌流于世

嘗持此 千村萬落且歌且舞 化詠而歸

使桑樞瓮牖玃猴之輩 皆識佛陀之號 咸作南無之稱

曉之化大矣哉

　　화랑으로 활동을 하던 원효는 어머니 죽음의 충격으로 고민하다가 출가하여 승려가 되었다. 불법을 배우러 당나라에 가다가 두 번이나 그만두고, 독자적으로 불법을 깨달아 불교의 대중화를 위해 노력했다. 태종 무열왕의 둘째 공주인 요석공주와 인연이 되어 아들 설총을 낳고 스스로 절을 나온 원효는 속세의 복장을 하고 마을을 다니다가 광대가 바가지를 들고 노는 모습을 본떠 '무애가(無㝵歌)'라는 노래를 지어 춤추고 노래하며 불교를 평민에게 알렸다. 무애가의 가사와 춤은 전하지 않고 있으나 광대나 놀이패가 바가지로 만든 가면을 쓰고 놀았던 것과 유사했을 것이다.

　　신라 말기에 활동한 승려 범일은 당나라에 유학을 다녀와 고향인 강원도에 굴산사를 창건하고 사굴산파를 개창하였는데 『삼국유사』에 전하는 대사의 출생에 관한 이야기가 흥미롭다. 대사의 어머니는 처녀였는데 표주박에 해가 담긴 물을 먹고 잉태 후 범일대사를 낳았다고 한다. 신라의 시조 박혁거세 탄생 신화에도 박이 등장한다. 박혁거세는 알에서 태어났는데 그 알의 모양이 표주박 모양이어서 '박'이란 성을 사용하였다고 한다. 이처럼 알에서 태어났다는 설화는 가야의 김수로왕, 고구려의 시조 주몽 등 다른 고대 국가에서도 나타나는 사례이나 신라의 경우에는 알이 표주박 모양이라고 한 것을 보면 표주박이 신성의 상징이었을 가능성이 있다.

박은 원산지가 아프리카나 인도로 추정되는데 『삼국유사』의 기록은 신라시대에 이미 박을 재배하고 있었음을 보여준다.

조롱박. 원효는 박 모양으로 도구를 만들어서 노래하며 불교의 대중화에 힘썼다.

예전에는 초가지붕 위 양지바른 곳에 박을 키웠다. 박 껍질로 바가지를 만들기 위해 심었는데, 요즘 박을 키우는 집이 흔치 않고 주로 관상용으로 심는다. 수박에 박의 뿌리를 접붙여서 병충해에 강한 수박 모종을 만들며, 박의 표피가 굳어지기 전에 수확하여 과육을 요리 재료로 쓰기도 한다.

은그릇 속 흰콩이
흰 갑옷의 군대로 변해

—

콩, 기장, 망고, 치자나무

콩 꼬투리. 콩의 기원지가 고조선의 영토였을 것이라고 추정한다.

이때 당나라 황실의 공주가 병이 나서 고종이 삼장에게 치료해 달라고 청하자 삼장은 자기 대신 혜통을 천거했다. 혜통이 명을 받고 따로 머물면서 흰콩 한 말을 은그릇 속에 넣고 주문을 외우자, 흰콩이 흰 갑옷을 입은 귀신 군대로 변했다. 그 군사로 마귀를 쫓아내려 했으나 이기지 못했다. 다시 검은콩 한 말을 금그릇 속에 넣고 주문을 외우자 검은 갑옷을 입은 귀신 군사로 변했다. 두 색깔의 귀신 군대가 힘을 합쳐 마귀를 쫓아내자 갑자기 교룡이 달아나고 마침내 공주의 병이 나았다.

時唐室有公主疾病 高宗請救於三藏 擧通自代
通受教別處 以白豆一斗 咒銀器中 變白甲神兵 逐崇不克
又以黑豆一斗 咒金器中 變黑甲神兵
令二色合逐之 忽有蛟龍走出 疾遂瘳

신라의 승려 혜통(惠通)이 당나라에 가서 승려 삼장(三藏)에게 가르침을 받고 있을 때 공주를 병들게 한 마귀(교룡)를 흰콩과 검은콩을 이용하여 쫓아냈다고 한다.

요즘에는 흔하지 않으나 예전에는 귀신이 많아서 귀신을 쫓아내는 여러 가지 물건들이 있었다. 가장 많이 사용하였던 것 중 하나가 소금이다. 복숭아나무도 귀신을 쫓는 데 사용했는데 복숭아나무에 양기가 많아 귀신이 싫어한다고 한다. 그 외에도 산사나무, 벼락 맞은 나무, 마늘, 고추, 쑥 등이 있는데 은그릇이나 은장식품도 귀신을 쫓는 데 사용하였다. 은그릇에 콩을 넣어 주문을 외어 마귀를 쫓아냈다는 『삼국유사』 기록은 이러한 주술 방법이 이 시대에 이미 형성되었음을 추정하게 한다.

붉은 팥도 잡귀를 쫓는 데 많이 사용되었다. 동짓날 붉은 팥죽을 끓여 먹으며 귀신을 쫓아내는 풍습이 있다. 정월 대보름날은 귀신이 많이 돌아다니므로 함부로 거리에 나다니면 귀신이 몸에 붙어와 우환이 생긴다고 믿었다. 따라서 이날은 외출을 삼가고 귀신이 싫어하는 놀이나 음식을 해 먹었다.

신라시대 악귀 퇴치에 콩을 사용하던 풍습이 경북지방에 남아있어 그곳에서는 콩을 볶아 던지면서 귀신을 쫓아내는 주술을 하였다. 일본에서는 입춘 전날 콩을 뿌리며 악귀를 집 밖으로 쫓는 행사를 하는 곳이 있다.

은그릇에 흰콩. 신라시대 악귀 퇴치에 콩을 사용하던 풍습이 있었다.

콩은 고구려의 땅이던 만주 남부 지역에서 세계 최초로 재배가 시작된 것으로 추정한다. 함경북도 회령 오동 유적지에서 기원전 1,300년경의 청동기시대 유적과 함께 콩이 출토된 것은 콩이 한반도에서 오래전부터 재배했음을 입증한다. 서기 139년 7월과 222년 4월에 신라에 우박이 내려 콩 농사를 해쳤으며, 서기 99년 8월 백제에서도 서리가 내려 콩이 죽었다는『삼국사기』의 기록으로 보아 콩은 삼국시대 주요 작물의 하나였음을 시사한다. 한반도의 곳곳에서 다양한 콩의 변이종이 발견되는 점도 콩의 기원지가 고조선의 영토였을 것이라는 것을 뒷받침한다. 만주 남부 지방과 한반도는 산악지대가 많아 콩을 재배하기에 적합하여 고조선시대의 주요 식량원이었을 것이다.

기원전 623년 콩이 고조선 지역에서 제나라를 통해 중국으로 전파되었다고 사마천의『사기(史記)』에 기록되어 있다. 중국 춘추전국 시대의 대표적 고전의 하나인『관자(管子)』에도 제나라 환공이 만주 지방에서 콩을 가져왔다고 전한다. 콩은 그 후 동남아시아로 전파되었고, 중국 선교사가 1739년 파리식물원에 콩을 재배함으로써 유럽으로 건너갔다. 세계 콩의 70% 이상을 생산하는 미국에는 19세기 중반에 전래되었다.

우리나라는 1960년대까지 세계 1, 2위를 다투는 콩 생산국이었으나, 먹거리의 다양화로 소비가 감소하고 재배가 줄어들어 자급률이 30% 정도라니 콩 종주국의 체면이 서지 않는다.

콩은 단백질과 각종 영양 성분이 많은 건강식품으로 우리나라에서는 오래전부터 콩으로 장을 담갔다. 서기 290년 쓰인 『삼국지』「위지동이전」에는 고구려에서 장을 담는다는 기록이 있다. 고구려 안악3호분의 벽화에는 장을 저장해 둔 것 같은 장독이 보이고, 나주 흥덕리 고분에서 발굴된 묵서명(墨書銘)에 된장이 창고에 가득하다고 기록되어 있다. 신라 신문왕 때 메주를 예물로 중국에 보냈다고 『삼국사기』에 전한다. 신문왕의 결혼식에 신부에게 보낸 혼수품 목록에 간장 및 된장이 적혀있는 것으로 보아 콩으로 만든 장이 생활필수품이었던 것으로 보인다.

된장은 상처를 치료하는 상비약으로 쓰이기도 했다. 신라에서는 호랑이에 물린 상처에 된장을 발랐다는 기록이 있으며 고려시대에도 된장을 상처치료에 썼다.

한가운데에는 만불을 모셨는데 큰 것은 넓이가 한 치 남짓하고 작은 것은 8, 9푼이 되었다. 부처의 머리가 더러는 큰 기장 낟알만 하고 더러는 콩 반쪽만 했으며, 꼬불꼬불한 상투를 튼 흰 머리털과 눈썹과 눈이 또렷하여 서로 알맞게 갖추어져 있으니, 단지 비슷하게 표현할 수는 있어도 자세히 설명할 수는 없다. 그러므로 이 산을 만불산이라 했다. 다시 거기에 금과 옥을 새겨 수실이 달린 번개(幡蓋, 깃발과 양산), 망고(罔羅), 치자(薝蔔), 꽃과 열매(花果)를 만들었다.

中安萬佛 大者逾方寸 小者八九分

其頭或巨黍者 或半菽者 螺髻白毛 眉目的白歷 相好悉備

只可髣髴 莫得而詳 因號萬佛山

更鏤金玉爲流蘇幡蓋菴羅薝蔔花果

만불산은 중국 황제 대종에게 선물하기 위하여 경덕왕이
장인들에게 시켜 제작한 모형의 산으로 이에 봉안된 1만 구 불
상의 머리 크기를 기장과 콩의 열매 크기로 표현했다. 한 치(寸)
는 약 3cm이며 한 푼(分)은 이의 10분의 1인 3mm 정도로, 고
대 중국은 기장 열매의 세로 길이를 도량형의 기준인 한 푼으로
하였다. 무게도 기장의 일정한 양을 기준으로 삼았다. 잎이나

예전에 오곡밥에 넣었던 기장 열매

줄기 등 식물의 다른 부위는 발달 상태나 환경 조건에 따라 변화가 매우 크나 열매의 크기와 무게는 환경에 적게 영향을 받기 때문에 이를 기준치로 잡은 것으로 보인다.

구황작물 중 하나인 기장은 척박한 토양이나 열악한 환경에서도 비교적 잘 자라서 산이 많은 한반도에서 오래전부터 재배된 작물 중 하나이다. 기장은 중앙아시아 근처에서 7,000~8,000년 전에 재배가 시작되어 오래전에 한반도에 전파된 것으로 추정된다. 인천 운서동과 강원도 양양 취락유적에서 기원전 4,000~3,000년경의 신석기시대 토기 점토 흙에 들어간 기장, 조, 들깨 등의 곡물 낟알이 발견되었다. 우리나라 들에서 야생으로 자라는 개기장은 먹을 것이 적던 고대에 종자를 수확해서 식용했는데, 개기장보다 열매가 크고 수확량이 높은 기장이 한반도에 들어오면서 농경이 빠르게 발달했을 것이다.

해방 전까지만 해도 기장을 재배하는 농가가 많았는데 점차 감소하여 이제는 기장을 재배하는 곳이 많지 않다. 기장은 조와 비슷한 황색 열매로서 성분도 비슷한 건강식품이다. 예전에는 오곡밥에 넣었다.

만불산의 불상 사이에는 부처님의 공덕을 상징하는 망고와 치자 등을 금이나 옥으로 만들어 장식하였다. 망고는 열대성 작물로 우리나라에서는 1980년대 후반에 와서야 제주도에서 온실 재배를 시작하였고, 그 전에는 과일을 전량 수입하였다. 따라서 통일신라나 고려시대에는 망고를 보는 것이 매우 어려웠을 것이다. 그럼에도 불구하고 망고로 만불상을 장식한 것은 부처님이 망고로 신통을 보였기 때문이다.

부처님이 살아있을 당시 인도에는 육사외도라는 자유사상가들이 세력을 떨치고 있었다. 이들은 불교 교단을 견제하고자 신통 대결을 하자고 했다. 부처님이 "음력 6월 보름날 사위성 근처 간다의 망고나무 아래서 신통을 보이겠다."라고 예언하자 자유사상가들은 사위성의 모든 망고나무를 없앴다. 예정된 보름날 사위성에서 정원사인 간다가 부처님에게 망고 과일을 올렸는데 부처님은 그 망고를 먹은 후 씨를 간다에게 주며 심으라고 했다. 심은 망고 씨는 삽시간에 솟아나 50장(丈) 높이로 자라서 열매가 주렁주렁 달렸다. 이러한 '망고나무의 기적'은 불교 예술의 소재로 자주 사용되었다.

동남아시아가 원산지인 치자나무가 언제 한반도에 들어왔는지 기록이 없으나 『양화소록』에서 다룬 것을 보면 조선 초기에 치자나무를 보편적으로 심었던 것으로 보인다. 꽃향기가 좋고 열매로 음식을 노란색으로 물들이는 데 쓰이기 때문에 남부지방에서 재배한다. 강희안은 치자꽃 색깔이 희면서 윤택하고, 꽃향기가 맑고 부드럽다고 했다. 초기 경전 중 하나인 『유마경』에 '치자 숲속에 들어가면 치자의 향만 맡을 뿐 다른 향기를 맡을 수 없다. 이 방에서는 부처님 공덕의 향기만 맡을 뿐이다.'라며 치자꽃 향기를 공덕의 향기에 비유했다. 술 취한 바라문이 부처님을 찾아와 제자가 되기를 청하여 계를 받고 다음날 돌아갔다. 아란존자가 부처님에게 "하룻밤 자고 갈 사람에게 계를 왜 주었냐."라고 묻자 부처는 "치자꽃은 시들어도 여느 꽃보다 향기로운 것이다."라고 대답했다. 한번 계를 받으면 언젠가 싹이 튼다는 것을 알려준 것이다.

꿈에 한 노인이
삼베 신발과 칡 신발 한 켤레씩

———

길상초, 삼, 칡

칡. 줄기 껍질로 밧줄이나 노끈 등을 만들었으며, 옷이나 짚신을 만들기도 하였다.

"9자란 법이며 8자란 새로 만들어질 불종자(佛種子)이다. 내 이미 너희들에게 맡기었으니 이를 가지고 속리산으로 돌아가서 길상초(吉祥草)가 자라는 곳을 찾아 절을 세우고 이 교법에 의거하여 인간 세상을 구제하고 후세에 널리 펴도록 해라." 영심(永深) 등은 가르침을 받들어 즉시 속리산으로 가서 길상초가 난 곳을 찾아 절을 짓고는 길상사라 했다.

九者法尒 八者新熏成佛種子 我已付囑汝等 持此還歸俗離山 山有吉祥草生處於此創立精舍 依此教法廣度人天 流布後世 永深等奉教 直往俗離 尋吉祥草生處 創寺名曰吉祥

진표율사가 미륵상 앞에서 3년을 수도에 정진하자 지장보살과 미륵보살이 나타나 계본(스님이 지켜야 할 계율이 적힌 책)과 간자를 주었는데, 그중 하나에는 9라고 쓰여있었고 다른 하나에는 8이라고 쓰여있었다. "이것은 처음과 근본의 두 깨달음을 비유한다. 또한, 9는 법이요 8은 새로 만들어질 종자이니, 이것으로써 인과응보를 마땅히 알 수 있다."라고 보살이 일러주었다. 교법을 받은 율사는 금산사를 짓고 속리산으로 가서 길상초가 난 곳에 표시를 해두었다.

영심은 율종과 불타와 함께 진표율사를 찾아가 복숭아나무에서 거꾸로 떨어지며 참회하여 율사의 제자가 되었는데, 율사는 이 제자들에게 미륵보살이 준 9라고 쓴 간자와 8이라고 쓴 간자를 주며 속리산에 가서 길상초가 난 곳에 절을 짓고 교법을 전하라고 했다. 제자들은 가르침을 받들어 속리산으로 가서 길상초가 난 곳에 절을 짓고 길상사라고 하였다. 길상사는 나중에 법주사로 이름이 바뀌었다. 순천 송광사의 옛 이름도 길상사이다. 또한, 서울 성북동 예전 대원각 자리에 길상사가

진표율사의 제자들이 길상초가 난 곳에 지은 속리산 법주사의 팔상전

월정사 적광전의 만(卍)자 문양

1997년에 세워졌다. 『무소유』, 『산에는 꽃이 피네』, 『오두막 편지』 등을 저술한 법정 스님의 발자취가 남아있는 곳이다.

길상초는 '쿠사'라는 벼과 식물로 부처님이 보리수 아래에서 깨달음을 얻을 때 깔고 앉았던 풀이다. 열대 지방에 주로 자라며 일부 아열대에도 산다. 길상초는 불교에 전래된 '만(卍)'자의 유래와 관계가 깊다. 부처님께서 앉았던 길상초 풀의 끝이 卍자 모양이어서 불교기가 정해지기 전 만(卍)자가 불교기 역할을 했다.

그런데 길상초의 이름을 가진 백합과 식물도 있다. 관음초라고도 하는데 난초처럼 가늘고 긴 잎이 땅에서 여러 개 나와 옆으로 퍼지며 자라다가, 가을에 꽃줄기가 중앙에서 올라와 연보라 꽃이 여러 개 핀다. 중국과 일본 남부지방에서 자라며 우리나라에서는 관상용으로 재배되고 있다. 기온이 낮은 곳에서는 꽃을 잘 피우지 않는데, 경사가 있으면 꽃이 핀다고 믿기 때문에 경사스러움을 의미하는 길상초(吉祥草)라 불렀다고 한다.

쿠사라는 벼과 식물과 관음초로 불리는 백합과 식물 둘 다 우리나라의 산에 자연적으로 살지는 않으나, 옛날 길상사 자리에 피었다는 설화 속의 풀은 부처님이 깔고 앉았던 쿠사라는 것이 더 논리적이다.

"호랑이를 그리려다가 이루지 못하고 개를 그렸다."라고 할 수 있다. 부처가 미리 예방한 것은 바로 이 때문이다. 만약 <점찰경>에 역자와 그 시간과 장소가 없어 의심스럽다고 한다면, 이 또한 삼을 취하고 금을 버리는 것이다.

可謂畫虎不成 類狗者矣 佛所預防 正爲此爾

若曰占察經 無譯人時處 爲可疑也 是亦擔麻棄金也

진표율사는 금산사의 승제(崇濟)법사에게 가르침을 받았는데 스승은 "내가 당나라에 유학하면서 문수보살로부터 오계(五

戒)를 받아왔다."라고 했다. 이 말을 듣고 율사는 열심히 수도한 끝에 미륵보살을 맞아 검찰경(占察經: 지장보살이 설법한 불경) 2권과 간자 189개를 받아 불교의 가르침을 널리 전했다고 한다. 그런데 중국에서 칙령으로 검찰경을 금지한 것은 귀한 금을 버리고 삼을 택한 것과 같다고 일연이 논하였다. 삼을 흔한 것에 비유한 것으로 보아 삼 재배가 당시에 보편적이었을 것으로 추측하게 한다.

삼(아마)은 중앙아시아 원산으로 우리나라에서는 삼한시대 이전부터 재배하였다. 평안남도 궁산리와 함경북도 토성리 유적지에서 약 4,000년 전의 삼베 실과 조각이 출토되었다. 삼베는 삼에서 얻어진 섬유질이다. 중국 고서『삼국지』「위지동이전」부여전에서 "부여 사람들은 흰색을 숭상하며 흰 베로 넓은 소매가 달린 도포와 바지를 만들어 입고 가죽신을 신는다."라는 기록으로 보아 삼국시대 이전에 삼으로 만든 옷을 입는 것이 보편적이었던 것 같다.

주몽이 고구려를 세우고자 부여를 떠나 졸본으로 가는 길에 세 명의 어진 인물을 만나 함께 국가를 세웠다고 하는데 그중 한 명이 삼베옷을 입었다고『삼국사기』에 전한다.『삼국유사』에서는 가락국에서 아유타국으로 포(布)를 보냈다고 했는데 포는 삼베를 의미하는 것으로 해석된다.

삼베로 만든 옷은 여름용으로 적합하나 고려 말 목화가 도입되기 전에는 겨울옷으로도 사용되었다. 신라의 마지막 왕자인 마의태자가 나라를 뺏긴 서러움에 삼베옷을 입고 금강산으로 들어간 것이 기원이 되어 삼베옷을 상복으로 입는 풍습이 생겼다.

삼의 꽃이나 잎이 대마초의 원료로 사용되기 때문에 재배와 유통이 엄격히 제한되고 있다. 그러나 삼의 추출액이 파킨슨병 및 치매 등의 난치병 치료에 효과가 있음이 알려지면서 미국, 캐나다 등 일부 국가에서는 삼의 의학적 사용이 허가된 곳도 있다. 삼의 씨앗은 영양가가 풍부해서 '햄프씨드'란 이름으로 판매된다.

목화가 들어오기 전 옷감을 만드는 데 주로 사용하였던 삼

삼과 유사하게 생긴 환삼덩굴

삼과 사촌뻘 되는 환삼덩굴이란 식물이 우리나라 산야에 흔히 자란다. 줄기에 있는 잔가시로 다른 식물을 올라타고 자라는 귀찮은 잡초인데 잎이 삼 잎처럼 깊게 갈라졌다. 어린 순을 나물로 먹을 수 있는데 『동의보감』에 의하면 혈압을 낮추는 약초로 쓸 수 있다고 한다.

오랜 세월이 흐른 후에 폐허가 되었으므로 대사 회경이 승선 유석과 소경 이원장과 함께 염원하여 절을 다시 지었다. 회경이 몸소 토목 일을 맡아, 처음 목재를 나르는데 꿈에 노인이 삼베로 엮은 신발과 칡으로 만든 신발을 각각 한 켤레씩 주었다. 또 신사에 가서 불교 원리를 깨우치고, 신사 옆의 나무를 베어 5년 만에 공사를 끝마쳤다. 또 노비를 더 두어 융성해져 동남지방의 유명한 절이 되었다.

久後廢爲丘墟 有大師懷鏡 與承宣劉碩小卿李元長
同願重營之 鏡躬事土木 始輸材 夢老父遺麻葛屨各一
又就古神社 諭以佛理 斫出祠側材木 凡五載告畢
又加臧獲 蔚爲東南名藍

　　신라의 승려 회경이 법왕사를 다시 짓는데 꿈에 노인이 나타나 삼베 신발과 칡 신발을 회경 스님에게 주었다고 한다. 짚신은 볏짚을 엮어 만든 신으로 마한시대 문헌에도 기록이 있으며, 『고려도경』에는 짚신을 나라 안 남녀소장(男女少長)이 모두 신었다고 기록하고 있다. 삼으로 엮은 신은 조밀하고 결이 좋은 고급 신이다. 그 외에도 왕골이나 부들로도 신을 만들었다. 짚신은 일상적으로 신었으며 삼이나 칡 등으로 만든 고급 신은 실내나 특별한 행사에 사용하였다. 귀한 신을 선물받은 것은 그만큼 절을 짓는 것이 고귀한 일임을 강조함이었을 것이다.

　　신라 신문왕 때 대장 김흔이 청해진 군사와 싸우다가 졌다. 그는 전쟁에서 진 것을 자책하며 소백산에 들어가 칡으로 만든

논산의 쌍계사 칡 기둥

꽃향기가 좋은 칡꽃. 차나 술을 만드는데 쓰인다.

옷을 입고 지냈다고 『삼국사기』에 전한다. 칡덩굴의 속껍질을 '청올치'라고 하는데 신발뿐 아니라 옷을 만드는 데 쓰였으며 돗자리나 벽지를 만드는 데도 쓰였다. 칡으로 만든 옷은 때가 쉽게 타지 않고 닳지도 않아 서민들이 주로 사용하였다.

칡은 세상에서 가장 오래 사는 식물 중 하나로 가뭄이나 병충해에 매우 강하여 수천 년을 사는 것도 있다. 옛날엔 오래된 칡 줄기를 집 짓는 데 기둥으로 쓰기도 하였다. 논산의 쌍계사와 청도의 용천사 대웅전은 칡 줄기로 기둥을 했다. 칡뿌리와 꽃을 한방에서는 약재로 사용하는데, 감기약으로 파는 갈근탕은 칡이 주성분이다. 민간요법으로 술독을 푸는 데 칡꽃을 사용하였으며, 칡 잎은 지혈 및 살균 효과가 있어 산길에서 상처가 나면 응급치료에 사용할 수 있다.

칡은 우리 주변에서 쉽게 접할 수 있으면서 다양한 용도로 쓰여 우리에게 친근한 식물 중 하나이다. 무엇보다 한여름에 진한 자줏빛 꽃이 탐스럽게 달리면 꽃향기가 일품이다. 꽃이 흔하지 않은 계절에 피어 벌들에게도 사랑을 받는다. 칡꽃에 소주를 부어 놓으면 색과 향이 일품인 칡꽃술이 된다.

법사는 정관 17년(643년), 오대산에 이르러 문수보살의 진신을 보려고 했으나 사흘 동안이나 계속 날이 어두워서 (뜻을) 이루지 못하고 돌아갔다. 다시 원녕사(元寧寺)에 머물면서 문수보살을 뵈었는데, 칡덩굴이 있는 곳으로 가라하여 지금의 정암사(淨嵓寺)로 갔다. 그 후에 범일(梵日)의 제자 신의(信義)는 이곳을 찾아와 자장법사가 쉬었던 곳에 절을 짓고 살았다.

師以貞觀十七年來到此山 欲覩眞身 三日晦陰 不果而還
復住元寧寺 乃見文殊云 至葛蟠處 今淨嵓寺是[亦載別傳]
後有頭陁信義 乃梵日之門人也 來尋藏師憩息之地 創庵而居

선덕왕 시대의 승려 자장법사가 당나라에 들어가 문수보살에게 받은 부처의 진신사리를 가지고 돌아와서 정암사를 세웠다. 그때 가져온 사리는 정암사를 비롯하여 영축산 통도사, 오대산 상원사, 설악산 봉정암, 사자산 법흥사 등 5곳의 적멸보궁에 나누어 봉안하였다고 전한다. 대사가 문수보살의 계시에 따라 찾아간 적멸보궁 자리는 강원도 고한에 위치하는데, 지금은 차로 접근이 쉽지만 1,400년 전의 그곳은 칡넝쿨이 무성한 오지였다. 사람들의 접근이 어려운 곳에 진신사리를 안전하게 모시기 위함이었을 것이다.

칡은 다른 나무나 물체를 타고 자라기 때문에 귀찮기도 한 식물이다. 인적이 드문 공터에 칡이 무성하게 자라나면서 다른 나무나 풀들이 자라지 못하게 한다. 그러나 칡은 공기 중의 질

정암사 적멸보궁 뒤 산 중턱에 세워진 수마노탑

소를 땅속에 고정하는 능력이 있어 질소가 부족한 척박한 땅에서 잘 자라 땅을 비옥하게 만든다. 비옥해진 땅에 다른 나무들이 자라면 칡은 점차 없어지고 다양한 식물이 자라나 숲을 이룬다.

참고문헌

강희안 (2012) 양화소록(이종묵 옮김), 아카넷

고운기 (2001) 일연과 삼국유사의 시대, 월인

국립수목원 (2010) 식별이 쉬운 나무 도감, 지오북

김규원 (2015) 이천년의 꽃, 한티재

김재규 등 (2009) 잡곡의 문화와 정보, 농촌진흥청

김재웅 (2019) 나무로 읽는 삼국유사, 마인드큐브

김정언, 길봉섭 (2000) 한국의 신갈나무 숲, 원광대학교출판국

김종원 (2013) 한국 식물 생태 보감, 자연과 생태

김진석, 김태영 (2011) 한국의 나무, 돌베개

김태정 (2005) 우리가 정말 알아야 할 우리 꽃 백가지 1, 현암사

김현, 송미장 (2008) 민속전통식물학, 월드사이언스

류희경 (2001) 우리 옷 이천년, 미술문화

박상진 (2004) 역사가 새겨진 나무이야기, 김영사

신혜우 (2021) 식물학자의 노트, 김영사

이유미 (2005) 우리가 정말 알아야 할 우리 나무 백가지, 현암사

이창복 (2003) 원색 대한식물도감, 향문사

일연 (2002) 삼국유사(김원중 옮김), 을유문화사

전영우 (2004) 우리가 정말 알아야 할 우리 소나무, 현암사

정우락 (2012) 삼국유사 원시와 문명 사이, 역락

콜린 렌프류, 폴 반 (2006) 현대 고고학의 이해(이화준 옮김), 사회평론

한국역사연구회 (1998) 삼국시대 사람들은 어떻게 살았을까, 청년사

국사편찬위원회 한국사데이터베이스 https://db.history.go.kr

문화콘텐츠닷컴 한국콘텐츠진흥원 http://www.culturecontent.com/
main.do

한국민족문화대백과사전 한국학중앙연구원 http://encykorea.aks.ac.kr

찾아보기

문헌과 작품

인물

식물

삼국유사가 품은
식물 이야기

초판 1쇄 인쇄 2023년 5월 30일
초판 1쇄 발행 2023년 6월 15일

지은이 안진홍

펴낸곳 지오북(**GEO**BOOK)
펴낸이 황영심
편집 전슬기, 정진아
디자인 장영숙

주소 서울특별시 종로구 새문안로5가길 28, 1015호
(적선동, 광화문 플래티넘)
Tel_02-732-0337 Fax_02-732-9337
eMail_book@geobook.co.kr
www.geobook.co.kr
cafe.naver.com/geobookpub

출판등록번호 제300-2003-211
출판등록일 2003년 11월 27일

ⓒ 안진홍, 지오북(**GEO**BOOK) 2023
지은이와 협의하여 검인은 생략합니다.

ISBN 978-89-94242-87-3 03480